TRAITÉ

DES PETITS TOURBILLONS

DE LA MATIERE SUBTILE.

Où l'on fait voir par les seuls effets du choc, que l'Univers est rempli d'une matiere très-fluide, très-agitée, & composée d'une infinité de Tourbillons de figure spherique, qui produisent tous les ressorts de la Nature.

Pour servir d'introduction à une nouvelle Physique, & d'Eclaircissement à la Piece qui a remporté le Prix de l'Academie Royale des Sciences en 1726.

Par un Prêtre de l'Oratoire.

A PARIS,

Chez
{
CLAUDE JOMBERT, ruë saint Jacques, près les Mathurins, à l'Image Notre-Dame.
ET
PISSOT, à la descente du Pont-Neuf, Quai de Conti, au coin de la ruë de Nevers, à la Croix d'Or.
}

M. DCC. XXVII.

AVEC APPROBATION ET PRIVILEGE DU ROY.

TRAITÉ

DES CORRÉLATIONS

DE LA MATIÈRE SUBTILE

A MONSIEUR
BIGNON,
ABBÉ DE SAINT-QUENTIN,

Conseiller d'Etat Ordinaire, Bibliothecaire du Roy,
Président de l'Academie Royale des Sciences.

ONSIEUR,

J'ay l'honneur de vous presenter des Traitez, dont vous m'avez vous-même inspiré le goût & le dessein. Ce fut à l'occasion du jugement que vous prononçâtes il y a quelques mois en faveur d'un de mes Ouvrages, au nom de l'illustre Corps, dont vous êtes depuis long-tems le digne Chef & le plus ferme appui.

Que ne me dîtes-vous pas, MONSIEUR, quelques jours après, pour m'encourager à éclaircir mes sentimens, & à étendre mes premieres vûës sur les Sciences Physico-Mathematiques? Vous fîtes naître en moi cette hardiesse si necessaire dans la Physique, pour y faire des découvertes. Vous le fîtes, MONSIEUR, avec ce ton persuasif dont vous sçavez animer les Sciences, & les porter

E P I T R E.

par des progrès rapides au point de leur perfection.

A votre voix je sentis se reveiller en moi toutes les idées qui m'avoient fortement occupé huit mois auparavant, lorsque je composois la Piece qui a merité l'attention & les suffrages de Messieurs de l'Academie Royale des Sciences. Cette voix, MONSIEUR, me soutenant dans mon travail, mes éclaircissemens se sont multipliez : En moins de trois mois, il s'en est formé un Ouvrage indépendant de la Piece pour laquelle je les destinois ; Et cet Ouvrage s'étant depuis grossi insensiblement, se trouve aujourd'hui partagé en plusieurs Traitez.

Ce sont ces Traitez, MONSIEUR, que j'ai l'honneur de mettre sous votre Protection, & que je me dispose à donner successivement au Public ; après avoir essayé, en suivant les vûës que vous m'avez inspirées, de les rendre à la portée de tous ceux qui ont les premieres teintures des Sciences. La permission que vous m'accordez de les faire paroître sous vos Auspices, doit former un préjugé en leur faveur : Et un préjugé d'un si grand poids, est necessaire à un Auteur qui s'étant fait une loi de ne s'écarter jamais des idées claires, se trouve souvent forcé de contredire les préjugez qui naissent des sens & de l'imagination.

Quoiqu'il en soit du succès de mon travail par rapport au Public, il a déja sa récompense ; puisque vous en agréez ces premiers fruits, & qu'il me procure l'honneur de donner des marques publiques du très-profond respect avec lequel je suis,

MONSIEUR,

Votre très-humble & très-obéïssant
serviteur,

A Paris le 15.
Decembre 1725.

MAZIERE, Prêtre de l'Oratoire.

PREFACE.

EN commençant le Memoire (a) que Meſſieurs de l'Academie Royale des Sciences ont honoré de leurs ſuffrages, je connoiſſois mal les petits Tourbillons de l'Ether ; je m'imaginois même en voir le foible ; & bien éloigné encore de les croire capables de produire tous les reſſorts de l'Univers, je me diſpoſois à les combattre.

Mais en examinant de près les effets naturels du choc, je fus agréablement ſurpris de trouver dans ces petits êtres plus de réalité & de force que je ne penſois ; & m'étant d'abord reconcilié avec eux, je me fis enſuite un devoir de m'appliquer à les connoître à fonds.

Après quelques recherches inutiles, je crus enfin les appercevoir très-diſtinctement ſous un nouveau jour, à la faveur d'un principe (b) très-ſimple qui vint s'offrir à moi. S'il me jetta dans l'er-

(a) Ce Memoire eſt intitulé : Les Loix du choc des corps à reſſort parfait ou imparfait, déduites d'une explication probable de la cauſe phyſique du reſſort. Ce ſont les propres termes du ſujet du Prix propoſé par l'Academie pour l'année 1726.

(b) C'eſt la Propoſition VI. du Memoire des Loix du choc, ou de la Piece qui a remporté le Prix de l'Academie en 1726. Elle eſt conçuë en ces termes : Les forces centrifuges de tous les Tourbillons grands & petits, ſont en raiſon inverſe de leurs diametres. Art. 29.

e

reur, j'y fuis encore, & tout femble m'y confirmer. Il m'éclaira beaucoup, & me troubla encore
davantage. Je l'avois cherché & attendu long-
tems ; il vint un peu tard ; je finiffois mon ouvrage ; & le tems prefcrit pour le faire prefenter
à l'Academie, alloit expirer. Quelles circonftan-
ces pour un Auteur qui apperçoit un Principe très-
étendu pour la premiere fois !

Bien-tôt fa lumiere par fon éclat même, me le
rendit fufpect ; d'ailleurs il me paroiffoit en quelque forte furabondant, puifque fans lui j'avois
déja la caufe phyfique du reffort : Mais auffi fans
lui, je ne la voyois qu'imparfaitement, comme au
travers d'un nuage. Devois-je le negliger par cette
feule raifon, qu'il venoit m'effrayer par fon étenduë & fa nouveauté ?

Dans ces perplexitez, je ne voyois que l'un de
ces deux partis à prendre, ou de faire ufage de
mon Principe, ou de le fupprimer, pour m'en te-
nir aux vûës plus bornées que j'avois deux jours
auparavant, par rapport à la premiere Partie de
mon Memoire. Car quant à la feconde, qui eft la
principale, je l'avois meditée plus à loifir. J'avois
inventé des Formules, & très-fimples & très-gene-
rales. Elles me conduifoient, & je ne pouvois m'é-
garer. Les Formules Algebriques *portent avec elles,*
dit M. Saurin *, *une lumiere fuffifante, une lumiere*
propre ; & c'eft d'ordinaire de leur fein même, que fort
toute celle que peut recevoir le fujet que l'on traite.

En prenant le parti de fupprimer la Propofition VI. j'aurois eu le tems de faire un ouvrage plus orné ; mais il eut été plus superficiel. Je pris le parti de préferer le solide à tous les ornemens ; & ce fut apparemment le meilleur.

Cependant la juste défiance que j'ai de mes lumieres, & le respect infini que j'ai toujours eu pour celles de l'Academie, ne me permirent pas de laisser dépendre son jugement, d'une Proposition que je n'avois pas eu le loisir d'examiner par toutes ses faces, & de démontrer aussi clairement que je l'appercevois ; quoiqu'elle me parût être *Fondamentale*, non seulement pour le sujet que je traitois, mais encore pour toute la Physique.

C'est pourquoi je crus devoir prendre la précaution de représenter à mes Juges dans un Avertissement * qui précede la Proposition VI. qu'indépendamment de cette Proposition, je prouvois celle de l'Article 30. d'où dépend principalement, & même (à ce que je crois) uniquement la solution de la question proposée.

* *V*. Art. 28. vers la fin.

Dans *une explication probable d'une cause physique*, lorsqu'on ne peut faire mieux, il doit être permis de hazarder quelque chose. Je l'ai fait, & je n'ai pas lieu de m'en repentir. Aujourd'hui que j'ai tout le loisir de réfléchir sur mes premieres idées, j'aurois quelque chose à me reprocher, si je ne pensois à les mettre dans tout leur jour. Je m'y trouve insensiblement engagé par le desir que je sens croître en moi, de contribuer quelque chose de ma part au progrès des Sciences Physico-Mathematiques.

C'eſt dans ces vûës que je me diſpoſe à donner ſucceſſivement au Public quelques petits Traitez, où j'expliquerai le plus clairement qu'il me ſera poſſible, de *nouveaux Principes de Phyſique*, qui ſont le fruit de pluſieurs reflexions que j'eus lieu de faire en méditant la cauſe phyſique du reſſort, & les Loix du choc. Car ce fut alors que j'apperçûs ces Principes, ou que je crus les appercevoir. Les bornes étroites d'un Memoire (ſans parler du peu de tems que j'eus pour le compoſer) m'euſſent-elles pû permettre d'y expoſer tous ces Principes dans leur jour ? Le Lecteur en jugera.

La ſeule Propoſition VI. fournira la matiere d'un Traité qui doit paroître inceſſamment : Et dans celui-ci, en examinant l'idée des petits Tourbillons de la matiere ſubtile, j'ai deſſein d'éclaircir les ſix autres Propoſitions de la premiere Partie de mon Memoire, & leurs conſequences.

Mais j'aurai beau developper l'idée des petits Tourbillons ; je m'attends bien que plus d'un Lecteur continuëra de les traiter de chimeres, parce qu'ils ne tombent pas ſous les ſens ; ou de les regarder par grace comme des êtres, mais des êtres ſans force, parce qu'ils ſont fort petits. Que ce Lecteur après s'en être formé des notions juſtes, eſſaye de les combattre ; s'il veut, à mon exemple, éprouver le plaiſir d'en être vaincu. Et peut-être que le moindre Tourbillon qui lui paroît maintenant ſi foible, lui paroîtroit alors avoir aſſez de force pour contrebalancer les plus grands qui ſoient dans l'Univers.

Je veux bien cependant, pour complaire à ce Lecteur, qui ne juge encore des chofes que fur le rapport des fens, effayer dans ce Traité de lui rendre, pour ainfi dire, palpables, par les effets naturels du choc, les petits Tourbillons que j'ai deffein de faire appercevoir *à l'efprit pur.*

Je dis *à l'efprit pur* ; car les effets naturels les plus fenfibles, ont des caufes qui doivent échapper à nos yeux armez des meilleurs Microfcopes. Nous voyons tourner les aîles d'un Moulin à vent ; & nous ne verrons jamais les corpufcules d'Air qui les font mouvoir. Nous voyons les Planetes faire leurs revolutions ; & nous ne verrons jamais la matiere étherée qui les emporte dans fon cours très-rapide.

Par cette raifon unique, que l'on ne voit pas un fluide, doit-on le rejetter, & lui fubftituer *des qualitez occultes, des vuides abfolus, des attraƐlions,&c.* c'eft-à-dire, donner pour caufes phyfiques des termes vagues & obfcurs, qui ne reveillent l'idée diftincte d'aucune des chofes qu'il foit permis aux yeux du corps, & à ceux de l'efprit, d'appercevoir dans la Nature ?

Nous tâcherons dans ce Traité de raifonner toujours fur des idées plus claires & plus conformes aux Principes d'une bonne Phyfique. Voici ceux de ces Principes que nous fuppoferons. *Les corps n'ont de force qu'autant qu'ils ont de mouvement. Le repos n'a pas de force. Dans l'ordre de la Nature, un corps eft mû par un autre corps : par un corps qui le tou-*

che immediatement : par un corps qui a du mouvement
ou de la force.

Ce Traité contient divers éclairciſſemens ſur la
partie phyſique de la *Piece* qui a remporté le Prix;
& en eſt neanmoins indépendant. On peut, ou le
lire tout de ſuite, ou conſulter cette *Piece* à meſure dans les endroits qui y ont rapport, & que
j'ai ſoin de citer en marge. Au reſte ce Traité
ne contient que des conjectures : La ſeule maniere de les refuter ſolidement, ſeroit d'en donner de meilleures.

TABLE DES CHAPITRES.

APPROBATION.

J'Ay lû par l'ordre de Monseigneur le Garde des Sceaux, un Manuscrit intitulé, *Traité des petits Tourbillons de la matiere subtile*, pour servir d'introduction à une nouvelle Physique, & d'éclaircissement à la Piece qui a remporté le Prix de l'Academie Royale des Sciences en 1716. par un Prêtre de
l'Oratoire. Fait à Paris ce premier Mars 1727.　　　MAHIEU.

Autre Approbation.

J'Ay lû le *Traité des Tourbillons*, composé par le R. P. MAZIERE, Prêtre
de l'Oratoire ; & il m'a paru que cet Ouvrage contient plusieurs Principes
nouveaux & utiles pour les Sciences Physico-Mathematiques. A Paris ce tren-
tiéme Aouft mil sept cens vingt-six.　　　DE LAGNY.

Permission du T. R. P. General de l'Oratoire.

J. † M.

NOus Pierre-François de la Tour, Prêtre-Superieur General de la Congregation de l'Oratoire de Jesus-Christ Notre-Seigneur ; vû par nous le
Privilege du Roy, & l'Approbation des Examinateurs, permettons à la Veuve
Michel Garnier, d'imprimer le *Traité des Tourbillons*, composé par le P. Jean-
Simon Maziere, Prêtre de notre Congregation ; conformément au Privilege à
nous accordé par les Lettres Patentes du Roy en date du 16. Mars 1689. enregis-
trées au Grand Conseil le 16. Avril de la même année ; par lesquelles il est dé-
fendu à tous Libraires & Imprimeurs, d'imprimer & vendre aucuns Livres composez par ceux de notre Congregation, sans notre Permission expresse, sous les
peines portées par ledit Privilege. Donné à Paris le 7. Mars 1727.
　　　P. F. DE LA TOUR.

PRIVILEGE DU ROY.

LOUIS par la Grace de Dieu Roy de France & de Navarre ; A nos amez
& feaux Conseillers les Gens tenans nos Cours de Parlement, Maîtres des
Requêtes ordinaires de nôtre Hôtel, Grand Conseil, Prevôt de Paris, Baillifs,
Sénechaux, leurs Lieutenans Civils, & autres nos Justiciers qu'il appartiendra ;
SALUT : notre bien amé le P. MAZIERE, Prêtre de l'Oratoire, Nous ayant
fait remontrer qu'il souhaiteroit faire imprimer & donner au Public divers
Traitez Mathematiques, & Physico-Mathematiques, s'il Nous plaisoit lui
accorder nos Lettres de privileges sur ce necessaires ; offrant pour cet effet de le
faire imprimer en bon papier & beaux caracteres, suivant la feüille imprimée
& attachée pour modele sous le contre-scel des Presentes : A CES CAUSES,
voulant favorablement traiter ledit Exposant, Nous lui avons permis & permettons par ces Presentes, de faire imprimer ledit Livre ci-dessus specifié, en un
ou plusieurs Volumes, conjointement ou séparément, & autant de fois que bon

lui femblera , fur papier & caracteres conformes à ladite feüille imprimée & attachée pour modele fous notredit contre-fcel ; & de le vendre , faire vendre & débiter par tout notre Royaume pendant le tems de huit années confécuti-ves , à compter du jour de la datte defdites Prefentes : Faifons défenfes à tou-tes fortes de perfonnes de quelque qualité & condition qu'elles foient , d'en in-troduire d'impreffion étrangere dans aucun lieu de notre obéïffance : comme auffi à tous Imprimeurs , Libraires , & autres , d'imprimer , faire imprimer , vendre , faire vendre , débiter ni contrefaire ledit Livre , en tout ou en partie , ni d'en faire aucuns Extraits , fous quelque prétexte que ce foit d'augmentation , correction , changement de titre ou autrement , fans la permiffion expreffe & par écrit dudit Expofant , ou de ceux qui auront droit de lui , à peine de confif-cation des Exemplaires contrefaits , de quinze cens livres d'amende contre chacun des contrevenans ; dont un tiers à Nous , un tiers à l'Hôtel-Dieu de Paris , l'au-tre tiers audit Expofant , & de tous dépens , dommages & interêts : A la charge que ces Prefentes feront enregiftrées tout au long fur le Regiftre de la Com-munauté des Imprimeurs & Libraires de Paris , dans trois mois de la datte d'i-celles. Que l'impreffion de ce Livre fera faite dans notre Royaume , & non ail-leurs , & que l'Impetrant fe conformera en tout aux Reglemens de la Librairie , & notamment à celui du dixiéme Avril mil fept cens vingt-cinq ; & qu'avant que de l'expofer en vente , le Manufcrit ou Imprimé qui aura fervi de copie à l'impreffion dudit Livre , fera remis dans le même état où l'Approbation y aura été donnée és mains de notre très-cher & féal Chevalier Garde des Sceaux de France , le Sieur Fleuriau d'Armenonville , Commandeur de nos Ordres ; & qu'il en fera enfuite remis deux Exemplaires dans notre Bibliotheque publique , un dans celle de notre Château du Louvre , & un dans celle de notredit très-cher & féal Chevalier Garde des Sceaux de France , le Sieur Fleuriau d'Arme-nonville , Commandeur de nos Ordres , le tout à peine de nullité des Prefentes : Du contenu defquelles vous mandons & enjoignons de faire joüir l'Expofant ou fes ayans caufes , pleinement & paifiblement , fans fouffrir qu'il leur foit fait aucun trouble ou empêchement ; voulons que la copie defdites Prefentes qui fera imprimée tout au long au commencement ou à la fin dudit Livre , foit tenuë pour düement fignifiée ; & qu'aux Copies collationnées par l'un de nos amez & féaux Confeillers & Sécretaires , foi foit ajoûtée comme à l'original : Com-mandons au premier nôtre Huiffier ou Sergent , de faire pour l'execution d'icel-les tous actes requis & neceffaires , fans demander autre permiffion , nonob-ftant Clameur de Haro , Charte Normande , & Lettres à ce contraires. Car tel eft notre plaifir. Donné à Paris le fixiéme jour du mois de Mars , l'an de grace mil fept cens vingt-fept , & de nôtre Regne le douziéme.

Par le Roy en fon Confeil ,   NOBLET.

TRAITÉ

TRAITÉ

DES PETITS TOURBILLONS

DE LA MATIERE SUBTILE.

Où l'on fait voir par les seuls effets du choc, que l'Univers est rempli d'une matiere très-fluide, très-agitée, & composée d'une infinité de Tourbillons de figure spherique, qui produisent tous les ressorts de la Nature.

TOUS ces effets infiniment variez que les hommes admirent dans la Nature, & qu'ils n'admirent pas assez, parce qu'ils font sans cesse sous leurs yeux ; font si étroitement liez les uns avec les autres, que pour en expliquer un seul, il est necessaire d'en avoir plusieurs en vûë. Mais il n'est pas moins necessaire (& l'Academie a eu soin d'en * avertir) de se renfermer dans les bornes de chaque question, ou

* A la tête de la Piece qui a remporté le Prix en 1724.

A

de s'en prescrire à soi-même, lorsque les sujets que l'on entreprend de traiter, semblent n'en reconnoître aucunes.

Les effets naturels que j'avois en vûë en écrivant la premiere Partie du Memoire *des Loix du choc des corps à ressort*, & dont j'ai crû qu'il me seroit permis de faire l'énumeration dans une de mes Remarques * ; ne seroient pas étrangers à la question des *petits Tourbillons de la matiere subtile*, & serviroient beaucoup à la mettre dans un très-grand jour. Mais j'espere que dans la suite ces considerations fourniront separément la matiere de plusieurs de mes Traitez. Dans celui-ci, sans étendre les bornes que l'Academie m'avoit prescrites, pour la composition de l'ouvrage qu'elle a distingué des autres, je crois devoir m'arrêter encore à considerer les seuls effets naturels du choc.

V. Loix du choc, Art. 26.

Cette seule consideration nous conduira sans peine à l'idée des Tourbillons ; & l'idée des Tourbillons, à la cause physique des ressorts. La matiere n'étoit pas épuisée dans le Memoire *des Loix du choc*, elle ne le sera pas dans ce Traité ; elle ne le sera jamais, parce que la Nature est inépuisable dans tous les sujets qu'elle offre à nos recherches. Voici donc tout le plan de ce Traité que je divise, pour un plus grand ordre, en six Chapitres.

I. *En considerant les seuls effets naturels du choc dans les corps élastiques, je fais voir que l'Univers est rempli d'une matiere infiniment ou indéfiniment fluide & agitée, que l'on nomme* matiere subtile.

C'est le sujet des trois premiers Chapitres.

II. *En considerant la matiere subtile dans les corps élastiques, je fais voir qu'elle est composée d'une infinité de petites spheres très-fluides, qui produisent tous les ressorts de l'Univers, & que l'on nomme* petits Tourbillons.

C'est le sujet des trois derniers Chapitres.

Il faut imaginer en lisant ce Traité, que deux corps étant suspendus à un fil, viennent à se rencontrer directement *avec des forces égales. Directement, c'est-à-dire, que leurs centres de gravité se meuvent sur une ligne droite, qui passe par les points où ils doivent commencer à se toucher. Avec des forces égales, c'est-à-dire, avec des vitesses égales, lorsque les masses sont égales ; & avec des vitesses qui soient en raison inverse des masses, lorsque les masses sont inégales. Pour une plus grande facilité, on peut supposer que les deux corps qui se choquent, sont des spheres égales, & qu'ils ont toutes leurs parties* homogenes, *ou de même nature.*

CHAPITRE I.

De la matiere qui produit le ressort.

I. *Les corps durs ne rejaillissent pas, précisément parce qu'ils sont durs.* II. *Les corps ne rejailliroient pas, s'ils étoient inflexibles.* III. *Les corps ne rejailliroient pas, s'ils n'avoient du ressort.* IV. *Le ressort est produit par un corps mis en mouvement.* V. *Ce corps mis en mouvement est un fluide.* VI. *Ce fluide sort des corps à ressort au premier tems du choc, & y rentre au second.* VII. *Ce fluide qui sort & qui rentre, n'est pas de l'Air.* VIII. *C'est une matiere dont l'Air emprunte sa fluidité & sa force : c'est la* matiere subtile.

V. Loix du choc. Art. 12. 13. 14. & 15.

Es corps les plus durs étant ordinairement ceux qui après le choc *rejaillissent* (a) ou *retournent en arriere* avec le plus de force ; on seroit assez porté à croire que les corps ne rejaillissent, que parce qu'ils sont durs.

Pour se désabuser, il suffit de faire attention qu'il y a

I.
Les corps durs ne rejaillissent pas, précisément parce qu'ils sont durs.

(a) *Après le P. Malebranche, je me sers indifferemment de ces deux expressions dans le même sens.*

dans la Nature des corps affez flexibles, tels que font des ballons, qui rejailliffent avec autant de force, que la plûpart de ceux qui paffent pour les plus durs : & que la Nature, qui fuivant toujours des loix très-fimples, employe fouvent les mêmes caufes, pour produire des effets differens ; n'employe jamais des caufes differentes, pour produire des effets femblables.

Les corps ne rejailliffent donc pas, précifement parce qu'ils font durs. Ce n'eft pas affez dire. Faifons voir qu'ils ne rejailliroient pas, s'ils étoient parfaitement *durs* ou *inflexibles.*

II.
Les corps ne rejailliroient pas s'ils étoient inflexibles.

LEs deux points du contact ne pourroient s'approcher ni s'éloigner des centres des fpheres ; autrement elles feroient flexibles dans ces deux points, contre la fuppofition. Ainfi les points du contact, les centres, & tous les autres points des fpheres, agiroient dans le même inftant. Chaque fphere feroit donc pouffée dans le même inftant par deux forces égales, vers deux côtez directement oppofez ; à droite par fa force primitive, & à gauche par la force primitive de l'autre fphere. Deux forces égales & directement contraires qui agiffent dans le même inftant, ne doivent-elles pas fe détruire dans cet inftant ? & peuvent-elles renaître dans l'inftant qui fuit, s'il ne furvient quelque nouvelle caufe ?

Or ici quelle nouvelle caufe de mouvement peut furvenir ? Les deux fpheres font dans un repos refpectif, puifque leurs forces primitives font détruites. Les parties de chaque fphere font auffi dans un repos refpectif, puifque les corps font fuppofez inflexibles. *Le repos a-t-il jamais produit du mouvement ?

* *V.* la Recherche de la verité. Liv. 6. Ch. dernier.

III.
Les corps ne rejailliroient pas, s'ils n'avoient du reffort.

IL faut diftinguer deux tems très-courts dans la durée du choc des corps qui ont ce que l'on appelle *reffort,* ou *vertu élaftique* ; fçavoir, *le tems de la compreffion,* & celui *de la reftitution.*

Dans le premier tems, *les reſſorts ſe bandent* ; c'eſt-à-dire, que les points du contact s'approchent du centre de chaque ſphere. Dans le ſecond, *les reſſorts ſe debandent* ; c'eſt-à-dire, que les points du contact ceſſant d'être comprimez, s'éloignent du centre dont ils s'étoient approchez.

Ces deux actions contraires & ſucceſſives ſont ſénſibles dans les corps qui ne ſont pas fort durs, par exemple, dans des ballons enflez d'Air ; elles ſont imperceptibles dans les corps qui paroiſſent très-durs, comme ſont l'Acier, le Fer, l'Aimant, le Verre, l'Yvoire, &c. mais elles n'en ont pas moins de réalité. L'eſprit les apperçoit non-ſeulement par une analogie fondée ſur des * experiences inconteſtables ; mais encore indépendamment de toute experience, dans l'idée claire de deux corps qui rejailliſſent après s'être choquez.

En effet ſans cette double action, dans laquelle conſiſte ce que l'on appelle *reſſort*, comment concevoir que deux corps homogenes qui ſe ſont choquez avec des forces égales, puiſſent retourner en arriere ?

Si le point du contact ne s'approchoit du centre de chaque ſphere dans le premier tems du choc ; nous avons fait voir dans l'article précedent, que les deux ſpheres ne rejailliroient pas : & ſi le point du contact après s'être approché du centre de chaque ſphere, ne s'en écartoit pas à la fin du choc ; les deux ſpheres qui étoient jointes à l'inſtant que la compreſſion a ceſſé, demeureroient encore jointes dans l'inſtant ſuivant, comme des corps *moûs*.

Car alors d'où pourroit provenir la ſeparation des deux ſpheres, ou leur mouvement en arriere ? Seroit-ce des parties comprimées ? Si elles ne ſe rétabliſſent pas, elles demeurent en repos, & ſont par conſequent ſans force. Seroit-ce des forces primitives ? Elles ne ſubſiſtent plus dans l'inſtant que les mouvemens en arriere vont commencer.

Il eſt donc évident que deux ſpheres homogenes qui

* *V.* la percuſſion des corps de *M. Mariotte* Partie I. Prop. XIV.

se sont choquées avec des forces égales, ne rejailliroient
pas ; si le point du contact de chaque sphere ne s'éloi-
gnoit du centre de cette sphere dans le second tems du
choc, après s'en être approché dans le premier ; en un
mot si ces spheres n'avoient du ressort, cette force in-
connuë dont il s'agit *d'expliquer probablement la cause
physique*.

IV.
Le ressort est produit par un corps mis en mouvement.

DIre que cette cause est une *qualité occulte*, ce n'est
pas l'*expliquer*. Dire que c'est le *vuide absolu*, ce n'est pas
l'*expliquer probablement*. Dire que c'est *Dieu* même, ce
n'est pas l'*expliquer physiquement*.

Si la Toute-puissance de *Dieu*, comme le disent quelques Auteurs, étoit la seule cause physique des effets
naturels, il suffiroit de dire, pour les expliquer tous en
un mot, *Dieu les veut*, & alors la Physique seroit bien
facile.

Expliquer un effet naturel, c'est expliquer les loix invariables suivant lesquelles, lorsque *Dieu veut* cet effet, il
fait que des corps agissent sur d'autres, afin qu'il soit
produit. J'ai donc eu raison de dire dans *les Loix du choc**,
que la cause physique du ressort n'est pas *Dieu* même,
ni aucune autre intelligence ; que c'est un corps ; mais
un corps mis en mouvement, puisque les corps n'ont de
force qu'autant qu'ils ont de mouvement.

*** Art. 14.**

V.
Ce corps mis en mouvement est un fluide.

CEs corps mis en mouvement qui produisent le ressort
dans deux corps durs qui se choquent, ne sont pas leurs
parties solides ; puisque leurs parties solides sont dans un
repos mutuel dans l'instant que la restitution va commencer. Ce sont donc leurs parties fluides.

On ne peut se dispenser de tirer cette consequence,
si l'on ne veut raisonner que sur des idées claires ; car
dans un corps élastique, l'esprit n'aperçoit que ces deux
choses ; des parties solides, & des parties fluides. Si quelqu'un croit y appercevoir de *petits liens*, je le renvoye
au Livre *de la recherche de la verité* * ; après lui avoir

*** Liv. VI. de la Methode, Ch. IX.**

fait remarquer, que fi ces prétendus liens font parfaitement durs, ils ne peuvent produire de mouvement
en arriere ; & que s'ils font flexibles, ils doivent être
compofez de parties folides & fluides : & qu'ainfi j'ai eu
raifon de dire dans *les Loix du choc* *, que les parties folides & les parties fluides d'un corps élaftique, font
les deux chofes & les feules chofes qui puiffent produire
le mouvement en arriere. Or les parties folides ne le
produifent pas. Ce font donc les parties de quelque
fluide ; d'un fluide qui fort des corps au premier tems du
choc, & y rentre au fecond.

* Art. 14.

POur le mieux concevoir , imaginons que l'on mette un
ballon fous un poid de cinquante livres ; fes parties diame-
tralement oppofées , fe raprocheront fenfiblement ; fa
peau confervera fous une autre figure à peu près la même furface qu'elle avoit auparavant ; mais le volume du
fluide ou des fluides qu'il contenoit, diminuëra beaucoup.

V I.
Ce fluide fort
des corps à ref-
fort au premier
tems du choc, &
y rentre au fe-
cond.

Ainfi lorfqu'un ballon eft comprimé, il en fort de la
matiere fluide. Cela eft fenfible lorfque la compreffion
eft confiderable , & n'eft pas moins certain , lorfqu'elle
eft très-foible. On en fera convaincu fi l'on fait attention qu'entre les figures *ifoperimetres* , la fpherique eft la
plus grande.

Si l'on vient à retirer le poid qui preffoit le ballon ,
le même fluide qui en étoit forti , y rentre auffi-tôt après ,
& le ballon reprend en très-peu de tems fa premiere
figure.

Il en eft à peu près de même de deux ballons qui fe
choquent , & par analogie, de tous les corps durs.
Lorfque les parties voifines des points du contact s'ap-
platiffent au premier tems du choc , il fort de chaque corps de la matiere fluide ; & lorfque ces mêmes
parties fe rétabliffent, la même quantité de matiere
fluide qui étoit fortie de ces corps, ou à peu près, y
rentre fucceffivement. N'eft-il pas évident que c'eft ce

fluide (quel qu'il puiſſe être) qui par ſa ſortie & ſa rentrée, produit les reſſorts, ou au moins que ce fluide les facilite, & contribuë à leur production ? Mais je vais m'expliquer plus clairement.

VII.
Ce fluide qui ſort & qui rentre, n'eſt pas de l'Air.
** Art. 15.*

J'Ai conſideré dans *les Loix du choc* *, les parties de l'Air comme de petites lames ſpirales, ou comme de petits floccons de laine ; & maintenant, après des Auteurs celebres, je les conſidere comme des petits ballons ; car qu'importe ici de quelle maniere on les conſidere ?

Si délicates que puiſſent être les pellicules de ces petits ballons, ce ne ſont pas elles qui traverſent ſi facilement les pores de la peau du ballon (a). C'eſt ſans doute la matiere fluide qui les remplit & qui les inonde de toute part. Ainſi cette matiere plus fluide que l'Air, eſt au moins neceſſaire à la production du reſſort. Mais elle ne le produit pas par cette raiſon ſeule, qu'elle eſt plus fluide que l'Air. Ni l'Air, ni ce fluide plus parfait que l'Air, ne rentreroient pas dans un ballon, par cette raiſon ſeule, qu'ils ſont aſſez fluides pour y rentrer.

Car lorſque la reſtitution va commencer, la matiere fluide qui eſt dans le ballon, eſt plus comprimée que celle qui l'environne. Mais *les corps* les plus fluides, comme tous les autres, *ne doivent pas aller vers le côté où ils ſeroient plus preſſez.* Il eſt donc neceſſaire que la matiere qui produit le reſſort (celle qui reſte dans le ballon à la fin de la compreſſion) ait pour le produire une force (b) propre à cet effet ; mais une force qu'elle n'emprunte d'aucun autre fluide. Car ſi elle l'empruntoit d'un autre fluide, ce ne ſeroit pas elle, mais cet autre fluide qui

(a) *L'Air n'entre pas dans un ballon, s'il n'y eſt contraint par une force exterieure : l'eau y entre plus facilement que l'Air.* Voyez ſur cette matiere les experiences de M. *de Reaumur*, dans les Memoires de l'Academie 1714. p. 55.

(b) *Il ne s'agit pas encore ici d'expliquer en quoi conſiſte cette force. Cet examen regarde les trois derniers Chapitres de ce Traité.*

ſeroit

feroit la caufe phyfique de la force élaftique.

Or dans le ballon que je confidere ici, je ne vois que des pellicules & de la matiere fubtile. La matiere fubtile emprunte-t-elle fon mouvement des pellicules ? N'eft-ce pas elle au contraire qui leur communique le fien ? C'eft donc elle qui eft la caufe phyfique du reffort d'un ballon, & à plus forte raifon de tous les autres corps qui ont plus de confiftance, & dont les refforts font plus par-faits.

IL eft donc au moins très-vraifemblable, que ce fluide qui produit le reffort des corps durs, par exemple, de deux boules de verre, qui en fort dans le premier tems du choc, & qui y rentre dans le fecond ; eft le même que celui qui paffe avec tant de facilité par les pores du *recipient de la machine Pneumatique*, lequel eft auffi de verre ; qui entre fous le recipient lorfque l'Air en fort, & qui en fort lorfque l'Air y rentre : Que ce fluide eft le même que celui qui par des efpaces immenfes tranf-met prefque dans un moment l'action de la lumiere, depuis les Aftres jufqu'à nous : *Que c'eft cette matiere* * *que le commun des hommes regarde peut-être comme chimeri-que ; mais que la plus faine partie des Philofophes admet au-jourd'hui, comme la fource de tous les mouvemens, & par là de tous les changemens, & de toutes les varietez de la Na-ture ; en un mot comme le reffort de la machine du Monde.*

Mais j'ai promis de laiffer dans ce Traité toutes ces vrai-femblances, qui font tirées de confiderations étran-geres aux effets naturels du choc. Si je les ai employées dans les premieres propofitions des *Loix du choc*, ce n'é-toit que comme en paffant, & pour faire entrer infen-fiblement les Lecteurs dans mes penfées.

Je veux ignorer ici tout ce que les Phyficiens moder-nes ont écrit de la matiere fubtile ou de l'Ether. *La ma-tiere fubtile eft un fluide dont l'Air emprunte & fa fluidité & fa force ; ou mieux encore, c'eft un fluide qui fort des corps élaftiques dans le premier tems du choc, & qui y rentre*

B

dans le second ; & qui par cette double action produit le bandement & le débandement des ressorts. C'est l'idée sous laquelle je me la represente, pour me renfermer dans les bornes que je me suis prescrites.

Les effets de la force élastique qui nous sont assez connus, nous conduiront beaucoup mieux que des conjectures hazardées, & des suppositions arbitraires, à une connoissance assez distincte de la matiere qui les produit, & de la mechanique très-délicate qu'elle employe pour les produire.

CHAPITRE II.

De la fluidité de la matiere subtile.

V. Loix du choc. Art. 17. 18. 19. 20. 21.

I. *Preuve de la très-grande fluidité de la matiere subtile, tirée des promptes vibrations des corps durs. II. Un ressort infiniment prompt, ne pourroit être produit que par une matiere infiniment fluide. III. Les ressorts qui sont dans la Nature, sont produits par un fluide que l'on peut supposer parfait. IV. La matiere subtile est homogene, & également fluide dans tous les corps, quoiqu'elle n'y produise pas des ressorts également prompts. V. Elle ne doit laisser aucun vuide dans l'Univers, ni faire aucune résistance. VI. Elle est composée de corpuscules indéfiniment petits, & divisibles à l'infini.*

I.
Preuve de la très-grande fluidité de la matiere subtile, tirée des promptes vibrations des corps durs.
* *V.* Loix du choc. Art. 17.

Es vibrations réïterées que j'ai fait considerer * dans un bloc de marbre, lorsqu'on vient à le frapper, pourroient suffire pour donner au Lecteur qui veut refléchir, une idée assez juste de la fluidité de la matiere qui produit le ressort. Mais pour nous representer ici les vibrations des corps durs d'une maniere plus sensible, imaginons les dans quelque corps élastique qui soit sonore, par exemple, dans une Cloche.

Un feul coup de Cloche fe fait entendre dans toute l'étenduë d'une grande Ville, & au delà. Lorfque je l'entends, mes oreilles font frappées ; & elles ne peuvent être frappées que par les petits corps qui les touchent immédiatement. C'eft-à-dire, que la maffe de l'Air, à l'occafion d'un feul coup de Cloche, eft agitée dans une fphere qui pouroit comprendre toute une grande Ville. Cette agitation de l'Air eft l'effet des *frémiffemens* imperceptibles, ou des *vibrations* très-promptes de toutes les parties de la Cloche. Enfin chaque vibration eft l'effet de l'action très-prompte de la matiere qui produit le reffort.

Lorfque la Cloche eft choquée par fon battant, il en fort de la matiere fubtile ; & il n'en fort à chaque demi-vibration, qu'une quantité infenfible. Cette petite quantité de matiere fubtile qui fort fucceffivement, eft la fomme d'un nombre indéfini de corpufcules, qui dans chaque inftant fortent de chaque pore de la Cloche. Plufieurs millions de millions de ces corpufcules réünis tous enfemble, égaleroient-ils un feul petit grain de fable ? égaleroient-ils un de ces petits animaux (a) que nos yeux armez des meilleurs Microfcopes, apperçoivent dans des liqueurs préparées ?

Dès que le battant ceffe de toucher la Cloche, les corpufcules qui étoient fortis de chaque pore, commencent à y rentrer ; & y rentrent tous, ou prefque tous fucceffivement dans un tems très-court. Cette premiere vibration caufée par la fortie & la rentrée des corpufcules

(a) *Ces petits animaux ne font pas des corpufcules durs. Ils ont des membres très-fléxibles, des pieds, des yeux, des membranes tranfparentes qui laiffent fouvent voir des inteftins, & quelquefois même un cœur qui par de fréquentes vibrations, entretient les mouvemens de ces petites machines vivantes. Ces vibrations & ces mouvemens ne fuppofent-ils pas dans ces animaux comme dans les hommes, des arteres, une liqueur qui coule dans ces arteres, &c. Cette liqueur qui eft de la fubftance de l'animal, n'emprunte-t-elle pas fa fluidité de la matiere fubtile ? Que de reflexions je laiffe ici à faire au Lecteur, pour ne pas perdre de vûë mon fujet !*

de la matiere fubtile, eft (comme je l'ai expliqué dans la Piece) fuivie d'une feconde vibration, d'une troifié-me, & ainfi de fuite à l'indéfini.

A chaque vibration les corpufcules fortent & rentrent. Mais avec quelle facilité! Avec quelle promptitude! Toutes ces vibrations fans nombre, ne font occafionnées que par un feul coup du battant de la Cloche; & l'on diroit que toutes enfemble commencent & finiffent en même tems.

L'efprit humain ofera-t-il donner des bornes à la fluidité d'une matiere qui produit tous ces effets? Et ne me fera-t-il pas permis de fuppofer dans un Traité Phyfique, que cette fluidité tient de l'infini, ou qu'elle eft parfaite? Ce n'eft pas une fuppofition arbitraire. Je demande qu'elle me foit accordée.

II.
Qu'un reffort infiniment prompt ne pourroit être produit que par une matiere infiniment fluide.

** Dans l'Avertiffement de la Piece qui a remporté le Prix en 1724.*

MAis d'ailleurs pouvois-je réfoudre la Queftion propofée par l'Academie, fans être forcé de faire cette fuppofition. L'Academie demande, qu'elle eft *la caufe phyfique des refforts parfaits?* Elle les fuppofe tels; & elle a foin d'infinuer, que * *l'on ne doit pas s'embarraffer s'ils exiftent.* Ne devois-je pas répondre, comme je l'ai fait, que la caufe d'un reffort parfait, feroit un fluide parfait; ou bien pour ôter toute ambiguité, que la fluidité parfaite feroit une des proprietez de la matiere qui produiroit des refforts parfaits?

On pourra fe convaincre que cette réponfe eft celle que je devois faire à la queftion propofée; fi l'on fait attention que la perfection des refforts confifte non-feulement dans leurs forces, mais encore dans leur promptitude. Les *refforts font parfaits en force*, lorfqu'ils fe débandent avec des forces égales à celles qui les ont bandez; & ils ne font *parfaits en promptitude*, que lorfqu'ils fe bandent en un feul inftant, & qu'ils fe débandent dans un autre. Il eft impoffible qu'ils puiffent fe bander & fe débander dans le même inftant; parce qu'il eft impoffible que dans le même inftant les parties des deux corps où se fait le choc, se meuvent dans deux sens contraires. Mais ces ressorts ne seroient pas parfaits en promptitude, s'il leur falloit seulement deux instans pour se débander; parce que l'on pourroit concevoir d'autres corps dont le choc ne dureroit en tout que deux instans. Ces ressorts n'auroient donc pas la plus grande perfection qu'il seroit possible de concevoir. Il est donc évident que le choc de deux corps à ressorts parfaits en force & en promptitude, ne doit durer en tout que deux instans. Donc la matiere subtile doit en sortir & y rentrer en deux instans. Donc elle doit y couler pendant le choc avec une promptitude infinie. Donc elle est infiniment fluide; puisqu'une matiere infiniment fluide ne pourroit pas couler avec plus de promptitude. Donc pour résoudre la question proposée, il falloit répondre sans balancer, comme je l'ai fait, que la matiere qui causeroit les ressorts parfaits, seroit infiniment fluide.

Faisons maintenant une attention plus particuliere à l'état de la question que nous examinons, & aux vûës generales de l'Academie dans les questions qu'elle propose. Ses vûës generales * regardent l'Astronomie-Physique; & dans notre question même, elle demande l'explication d'une cause physique. Elle souhaite donc que sans negliger les idées Metaphysiques, on s'attache principalement à considerer la nature telle qu'elle est en effet.

Je conviens qu'il n'y a dans la Nature aucun ressort infiniment prompt, en prenant ce mot *infiniment* dans toute la rigueur Mathematique; & même il ne me paroît pas difficile de le prouver. Aussi ce n'est pas dans ce sens que je dis ici, & que j'ai dit ailleurs *, que la matiere subtile est infiniment fluide, ou qu'elle est un fluide parfait. Mais je dis que sa fluidité approche indéfiniment de la perfection; & qu'en consequence pour pouvoir raisonner avec quelque justesse sur les effets na-

III.
Les ressorts qui sont dans la Nature, sont produits par un fluide que l'on peut supposer parfait.

* *V.*L'annonce des Prix de l'Academie.

* *V.* Loix du choc. Art. 17.

turels, & pour en découvrir les caufes, il doit être permis à un Phyficien de la fuppofer infiniment fluide. Je dis
qu'elle eft indéfiniment plus fluide que l'Air & que toutes les autres matieres fluides qui nous font connuës :
Je le dis, & je crois l'avoir fuffifamment prouvé ; les reflexions que les Lecteurs auront faites fans doute, en
lifant l'Article premier de ce Chapitre, fuffiront pour les
convaincre de cette verité.

Nous pouvons donc fuppofer que le rapport de la fluidité de l'Eau, par exemple, à celle de l'Ether, eft fi petit, qu'il doit être permis de le regarder comme nul,
parce qu'il eft infenfible ; quoiqu'il foit réel, & auffi réel
que le rapport d'un grain de fable à la Terre. Dieu le
connoît, parce qu'il connoît le rapport exact de toutes
les grandeurs & de toutes les perfections des êtres qu'il
a créez, & qu'il conferve par fa Toute-puiffance, & par
les loix immuables de fa Sageffe infinie. Le rapport de la
fluidité de l'Eau à celle de l'Ether, pourroit être exprimé
par une fraction dont le numerateur feroit l'unité, ou
un nombre quelconque, & le dénominateur un très-
grand nombre, qui feroit, par exemple, de cent chifres
écrits tout de fuite, ou de mille chifres, de dix mille chifres, &c. Dieu, fans aucun doute, connoît le nombre
que ces chifres expriment ; l'efprit humain qui eft très-
borné, ne le connoît pas, & il tenteroit envain de le
vouloir connoître ; il doit le regarder comme infiniment
grand, quoiqu'il foit fini en lui-même : Que dis-je?
quoiqu'il foit infiniment petit par rapport au nombre infini des connoiffances de Dieu, & des fiecles de fon éter-
nelle durée.

 MAis, dira-t-on, fi la matiere fubtile eft infiniment
fluide, comme je le prétends ; celle qui eft renfermée
dans un ballon, fera auffi fluide que celle qui eft renfermée dans une boule folide de verre. Pourquoi donc celle-
ci produit-elle un reffort plus prompt que celle-là ?
Je réponds, que c'eft principalement parce que dans

un ballon la double action de la matiere subtile (je veux dire, sa sortie & sa rentrée dans les deux tems du choc) est nécessairement retardée de quelques instans par divers mouvemens que le choc cause entre les corpuscules d'Air qui sont renfermez dans le ballon, & qui par leur fluidité changent sensiblement de situations respectives. Au lieu que la double action de la matiere subtile, n'est pas sensiblement retardée dans une boule de verre, par le mouvement de ses parties propres ; puisqu'elles ne se separent pas les unes des autres, & que leurs situations respectives demeurent sensiblement les mêmes.

En general, & toutes choses étant d'ailleurs égales, les corps ont des ressorts plus ou moins prompts, à proportion qu'ils ont plus ou moins de consistance. Cependant la matiere qui les produit tous, est homogene & infiniment fluide, puisqu'elle communique à une matiere subtile, homogene & infiniment fluide.

Si je vois une éponge plongée dans de l'eau, j'ai tout lieu de penser que l'eau qui remplit les vuides de cette éponge, & celle qui l'environne, sont deux matieres homogenes ; parce que celle-la communique à celle-ci ; qu'elle en sort si je presse l'éponge entre mes mains, & qu'elle y rentre dès que je cesse de la presser. De même lorsque je presse un ballon entre mes mains, il en sort de la matiere subtile, & il y en rentre lorsque je cesse de le presser. N'ai-je pas tout lieu de conclure que la matiere subtile qui est dans le ballon, & celle qui l'environne, sont homogenes ?

Maintenant si je mets une boule solide de verre, à la place qu'occupoit le ballon, la matiere subtile qui est dans cette boule, ne communiquera-t-elle pas de la même maniere à la matiere subtile du dehors ? & ne dois-je pas encore conclure que la matiere subtile de la boule de verre, est de même nature que celle qui l'environne ; qu'elle est par consequent de même nature que celle qui est dans le ballon & dans tous les autres corps ; en un mot, que toute la matiere fubtile, qui remplit les efpaces vuides de corps groffiers, eft homogene ? Donc elle eft également fluide dans tous les corps. Je ne dis pas qu'elle y coule également, mais qu'elle y peut couler également. Donc fi on m'accorde qu'il y ait dans l'Univers un feul corps où elle foit indéfiniment fluide (& peut-on raifonnablement me le contefter ?) j'en conclurai fans aucune peine, que cette matiere eft indéfiniment fluide dans tous les corps ; & qu'en confequence il doit être permis de la fuppofer infiniment fluide.

V.
Elle ne doit laiffer aucun vuide dans l'Univers, ni faire aucune refiftan-ce.

C'Eft-à-dire, en termes équivalens, que la matiere fubtile a la facilité de couler dans tous les corps avec toute la promptitude qui eft néceffaire, afin que dans les changemens qui leurs furviennent, elle puiffe n'y laiffer aucun vuide, & en remplir exactement les moindres pores. C'eft-à-dire, qu'allant toujours vers où elle eft pouffée, & à proportion qu'elle eft plus pouffée, elle doit ceder fans aucune réfiftance, aux impreffions des autres corps. Je dis fans aucune réfiftance, & dans la rigueur je devrois dire, avec une réfiftance indéfiniment petite, & que l'on peut en confequence confiderer comme infiniment petite, ou comme nulle, par rapport aux réfiftances des autres fluides.

L'Air du dehors entre dans une chambre, & en fort par la fenêtre, lorfqu'elle eft ouverte, ou qu'elle n'eft fermée que d'un treillis de fil d'archal. Mais l'Air n'eft pas affez fluide pour paffer au travers des vîtres de cette fenêtre. La matiere fubtile traverfe fans aucune peine, & les vîtres & les murailles de la chambre ; elle y paffe avec plus de facilité, que l'Air ne paffe par l'ouverture de la fenêtre.

VI.
Elle eft compofée de corpufcules indéfiniment petits & divifibles à l'infini.

IL s'enfuit que les corpufcules de la matiere fubtile doivent être indéfiniment petits ; qu'ils ne peuvent avoir de dureté que par la compreffion de ceux qui les environnent, & qu'ils peuvent encore, fuivant les differens
besoins,

befoins, être divifez & fub-divifez avec une très-grande
facilité en d'autres corpufcules plus petits, & cela à
l'infini.

Je fuppofe ici, & dans *les Loix du choc* *, que la matiere eft divifible à l'infini. Et comment ne le fuppofe-
rois-je pas ? c'eft une verité fur laquelle les Philofophes
les plus illuftres, tant anciens que modernes, fe trouvent
réünis, & qui ne dépend en effet que des premieres notions des corps naturels. C'eft le premier pas qu'il faut
faire en Phyfique. Je n'entreprendrai point de le facili-
ter à ceux qui ne l'ont pas encore franchi ; & je de-
clare que je n'écris pas pour ces perfonnes qui s'arrê-
tant à chicanner fur les chofes les plus claires & les plus
inconteftables, s'obftinent contre l'évidence même à
vouloir admettre dans la nature des atômes ou des points
enflez ; en un mot qui ne voudroient pas reconnoître,
ou au moins fuppofer avec moi, la divifibilité de la matiere à l'infini.

* Art. 16.

CHAPITRE III.

De la force de la matiere subtile.

V. Loix du choc. Art. 16. & 24.

I. *Il y a dans l'Univers des reſſorts que l'on peut ſuppoſer parfaits.* II. *La matiere ſubtile a aſſez de foice pour rendre tous les reſſorts parfaits.* III. *Cette force de la matiere ſubtile eſt dans les corps, meme lorſqu'ils ſont en repos.* IV. *Cette force de la matiere ſubtile eſt dans les corps durs, quoiqu'ils ſoient fragiles.* V. *La matiere ſubtile qui eſt renfermée dans une boule à reſſort, a une force indéfinie, ou comme infinie.* VI. *La matiere ſubtile qui remplit l'Univers, eſt très-comprimée & très-agitée dans toutes ſes parties.* VII. *La force & la fluidité de la matiere ſubtile, ne peuvent ſubſiſter l'une ſans l'autre.* VIII. *Exemple ſenſible qui confirme & éclaircit tout ce qui précede.* IX. *On ne ſent pas la force de la matiere ſubtile, parce que toutes ſes parties ſe contrebalancent.*

I.
Il y a dans l'Univers des reſſorts que l'on peut ſuppoſer parfaits.

L'ACADEMIE dans la queſtion qui fait le ſujet de la premiere Partie *des Loix du choc*, & que je continuë d'examiner dans ce Traité, demande la cauſe phyſique des reſſorts parfaits. Or comment réſoudre une queſtion, ſi l'on ne ſuppoſe comme réels & exiſtans dans la Nature, des effets dont on demande la cauſe phyſique ?

Nous pouvons donc ſuppoſer qu'il y a dans l'Univers des corps dont les reſſorts ſe débandent avec toute la force avec laquelle ils ont été bandez ; ou des corps qui reprennent exactement au ſecond tems du choc la même figure qu'ils avoient avant le choc ; ou enfin des corps qui s'étant choquez avec des forces égales, rejailliſſent avec des forces égales à leurs forces primitives ; en un mot des *reſſorts parfaits* en force.

Cette fuppofition que nous donne l'Academie, n'eſt pas arbitraire ; puiſque nous obſervons dans la nature des reſſorts qui ne ſont pas fort éloignez de la perfection ; & que d'ailleurs nous ſçavons qu'il y a, ſoit au-dedans des corps, ſoit au dehors, diverſes *imperfeƈtions*, ou pour parler plus clairement, divers *obſtacles* qui doivent naturellement diminuer l'effet de l'aƈtion de la matiere ſubtile.

Par exemple, deux boules de Marbre perdent environ la douziéme partie de leurs forces primitives ; c'eſt-à-dire, que s'étant choquées avec des forces égales de douze degrez, elles rejailliſſent avec onze degrez de force. Deux boules d'Yvoire perdent environ la quatorziéme partie de leurs forces primitives. Deux boules ſolides de Verre n'en perdent qu'environ la ſeiziéme partie. A-t-on éprouvé la force élaſtique de tous les corps ? & n'a-t-on pas lieu de conjeƈturer qu'il y en a dans l'Univers, qui approchent encore indéfiniment plus de la perfeƈtion ?

Mais ſans hazarder aucune conjeƈture, ne nous ſuffit-il pas de remarquer, ſoit au-dedans des corps, ſoit au-dehors, diverſes cauſes de la diminution de leurs forces ? Comptons parmi les obſtacles * interieurs, la fragilité des corps phyſiques, le mêlange des parties heterogenes qui entrent dans la compoſition de leurs maſſes, le mêlange des fluides groſſiers qui s'inſinuent dans leurs pores avec la matiere ſubtile. Comptons parmi les obſtacles exterieurs, la réſiſtance que l'Air fait au mouvement des corps, la matiere glutineuſe qui couvre leurs ſurfaces, l'imperfeƈtion des machines dont on ſe ſert pour les faire choquer, la difficulté que l'on trouve à les faire choquer direƈtement, le poids & l'agitation des fils de ſuſpenſion, enfin les moindres frottemens, ſoit des corps, ſoit des fils. Faiſons reflexion que tous ces obſtacles, ſoit interieurs, ſoit exterieurs, & autres qu'il eſt facile d'imaginer, concourent pour diminuer les forces en arriere, & les faire paroître moindres

* *V*. le Chapitre vi. de ce Traité,

qu'elles font en effet. Ne font-ils donc pas capables tous
enfemble, de confumer la feiziéme partie du mouvement primitif de deux boules de verre ? Qu'il me foit
permis de le fuppofer ici, comme je l'ai fait dans le
Memoire * *des Loix du choc.*

** Art. 11.*

I I.
'La matiere
fubtile a affez
de force pour
rendre tous les
refforts parfaits.

MAintenant pour nous former une idée jufte de la
force de la matiere qui produit les refforts ; on voit
affez qu'il faut faire abftraction de toutes les caufes qui font
capables de les affoiblir. Ainfi les forces que les refforts
en fe débandant, communiquent aux deux boules de Verre
que nous confiderons, & que nous fuppofons toûjours fe
choquer avec des forces égales, font précifement égales à
leurs forces primitives. Car les forces primitives font entierement détruites, lorfque les refforts font entierement
bandez. Donc toutes les forces que les boules ont après
le choc, renaiffent par la force feule des refforts, ou du
fluide qui produit les refforts, c'eft-à-dire, par l'action
feule de la matiere fubtile. Donc la matiere fubtile fait
renaître par fon action toute feule des forces égales aux
forces primitives de ces deux boules. Une feiziéme partie
de cette action, ou à peu-près, eft employée à vaincre les
obftacles dont nous avons parlé dans l'article precedent,
& le refte à mouvoir les corps en arriere.

En rejettant donc fur les caufes qui font étrangeres à la
matiere qui produit les refforts, tout ce qu'ils ont d'imperfection ; il eft clair qu'elle doit avoir une force capable de les rendre parfaits, ou de faire renaître en eux des
forces égales à leurs forces primitives.

I I I.
Cette force de
la matiere fub-
tile eft dans les
corps durs, lors
même qu'ils font
en repos.

ON dira peut-être que cette force de la matiere fubtile dépend des forces primitives. Mais le dira-t-on avec
quelque air de vrai-femblance ?

La matiere fubtile eft pouffée par les forces primitives
du point d'attouchement de chaque boule vers fon centre
de gravité, & par fa fluidité naturelle elle fuit cette direction. Enfuite pour relever les refforts, elle agit du centre

de gravité vers le point d'attouchement. Deux forces qui
agissent dans des sens contraires, dépendent-elles l'une de
l'autre, comme un effet doit dépendre de sa cause ?

N'en doutons pas, cette force est indépendante des forces primitives. Il est vrai qu'elle se *déploye*, pour ainsi dire,
à l'occasion du choc, plus ou moins, à proportion qu'il est
plus ou moins grand. Mais elle ne vient pas du choc,
puisqu'elle agit dans un sens tout opposé à l'impression
qu'elle a reçuë à son occasion. Elle est donc dans les boules indépendamment du choc. Elle y étoit avant le choc,
dans le temps même qu'elles étoient en repos.

Si l'on demande ici en quoi consiste cette force, on sort
de la question de ce Chapitre, pour prévenir celles des
suivans. Il nous suffit ici d'avoir prouvé que la matiere
subtile a une force, qui seroit capable de faire rejaillir
des boules de verre (*si elles ne se brisoient pas*) avec des
forces égales, ou presque égales, & toûjours proportionnées à leurs forces primitives.

M Ais, dira-t-on, ces boules de verre *se briseront*, si on
vient à augmenter leurs forces primitives jusqu'à un certain point : Et alors leurs parties separées les unes des autres, rejailliront avec des forces qui seront beaucoup
moindres que leurs forces primitives.

Je réponds que la fragilité des corps est un des obstacles
dont je fais & dont je dois faire ici abstraction ; & que
d'ailleurs elle ne fait que confirmer la très-grande force
de la matiere subtile. Car si les parties d'un corps très-dur
se séparent les unes des autres à l'occasion de quelque
choc violent ; ce n'est pas que la matiere subtile n'ait assez de force pour les conserver dans l'union ; mais au-
contraire, c'est qu'elle a une très-grande force pour les
séparer, lorsque les regles de l'équilibre le demandent.

Une même quantité de matiere subtile peut être appli-
quée, ou successivement, ou en même tems, à des actions differentes. Les effets varient à l'infini, & la force

I V.
Cette force de
la matiere sub-
tile est dans les
corps durs, quoi-
qu'ils soient
fragiles.

est toûjours la même, ou pour mieux dire, elle tend toûjours à être la même.

On a tout lieu de penſer, que c'eſt la matiere ſubtile qui rend les corps durs, fragiles, tranſparens, liquides, élaſtiques ; & qu'elle contribuë principalement à les diſtinguer les uns des autres, par les differentes proprietez qu'elle leur communique. Mais on a tort d'oppoſer ces proprietez les unes aux autres. La fragilité & l'élaſticité du verre naiſſent apparemment de la même cauſe. La force que la matiere ſubtile employe à ſéparer & à écarter les parties de deux corps lorſqu'ils ſe briſent, eſt égale à celle qu'elle employeroit à faire rejaillir les deux mêmes corps, s'ils ne ſe briſoient pas, & à vaincre tous les obſtacles dont nous avons parlé dans l'Article I.

Ainſi afin de juger de la force que doit avoir la matiere ſubtile pour relever les reſſorts, il faut conſiderer les corps dans un choc où ils ne ſe briſent pas. Si dans ce choc ils rejailliſſent avec des forces égales aux forces primitives ; c'eſt uniquement de la matiere ſubtile que leur vient cette force. S'ils ſe choquent une ſeconde fois avec des forces cent fois plus petites que dans le premier choc ; la matiere ſubtile les fera rejaillir avec des forces cent fois plus petites que dans le premier choc. Si dans un troiſiéme choc ils ſe rencontrent avec des forces cent fois plus grandes que dans le premier ; la force que la matiere ſubtile employera, ſoit pour les faire rejaillir, ſoit pour les briſer, ſera cent fois plus grande que dans le premier choc. Ainſi de quelque maniere que l'on conſidere les choſes, l'action ou la réaction de la matiere ſubtile, ſera toûjours égale aux forces primitives.

C'Eſt pourquoi ſi l'on ſuppoſe que les forces primitives de deux corps durs, augmentent à l'infini ; la force que la matiere ſubtile employera, ſoit pour relever leurs reſſorts, ſoit pour ſéparer leurs parties, deviendra indéfiniment grande. Or nous avons fait voir que la matiere ſub

:ile avoit cette force avant le choc & indépendamment du choc *. Donc une quantité finie de matiere subtile , telle que peut être celle qui est renfermée dans une boule de Verre ; a reçû & conserve par l'impression toute-puissante de l'Auteur de la Nature , une force assez grande pour égaler des forces que l'on peut supposer augmenter à l'infini.

* Art. III.

SI l'on me permet donc de supposer qu'il y ait dans l'Univers un seul corps parfaitement élastique , je vais faire voir par un enchaînement de principes , que l'Univers est rempli d'une matiere infiniment comprimée & agitée dans toutes ses parties. En remettant ensuite toutes choses dans l'état physique , on concluëra de soi-même , que la force de la matiere subtile est indéfiniment grande.

VI.
La matiere sub-
tile qui remplit
l'Univers , est
très-comprimée
& très-agitée
dans toutes ses
parties.

En effet la matiere subtile qui est renfermée dans un corps que l'on suppose parfaitement élastique , telle que pourroit être une boule solide de verre , a une force capable de contrebalancer les plus grandes forces qui soient dans la Nature. Elle a donc une force que l'on peut supposer infinie. Or une matiere qui a en même tems & une force infinie , & une fluidité parfaite , s'é-chaperoit infailliblement au de là de ses bornes (je veux dire au-de-là des bornes de la boule qui la contient) si elle n'y étoit contenuë par une force infinie ; car une force finie ne contiendroit jamais dans ses bornes une matiere d'une force infinie.

Il est donc necessaire que la couche de matiere subtile qui enveloppe immédiatement la surface de la boule que nous considerons , la comprime avec une force infinie. Il est donc nécessaire , par les mêmes raisons , que cette premiere couche soit infiniment comprimée par la se-conde qui suit , la seconde par la troisiéme , & ainsi de suite à l'infini. Il est donc nécessaire enfin que toutes les couches de la matiere subtile qui envelopent cette boule (dont nous pouvons considerer ici le centre comme ce-

lui de l'Univers) foient infiniment comprimées : Que par
confequent toute la matiere fubtile qui remplit l'Univers foit comprimée dans toutes fes parties par une force
infinie : Que par confequent elle ait dans toutes fes parties une force qui réponde à celle qui la comprime ;
qui réponde en quelque forte à la Toute-puiffance de
celui qui la comprime en la maniere & fuivant les di-
rections qu'il lui plaît.

VII.
La force & la fluidité de la matiere fubtile, ne peuvent fub-fifter l'une fans l'autre.

BIen loin que la fluidité & la force de la matiere fubtile foient oppofées entr'elles, il eft facile de faire voir
qu'elles dépendent l'une de l'autre, & qu'elles ne peuvent fubfifter l'une fans l'autre.

I. Les corps créez n'étant pas infiniment durs, n'auroient pû fe choquer à chaque inftant avec de très-
grandes forces, fans fe divifer peu à peu en d'autres plus
petits, & ceux-ci en d'autres encore plus petits, & par
confequent fans former peu à peu une matiere indéfiniment fluide. Ainfi une matiere fluide indéfiniment agitée,
eft indéfiniment fluide. Car fi elle n'eft pas indéfiniment
fluide dans le tems de fa création, elle le deviendra dans
la fuite, en continuant d'être agitée avec la même
force.

II. Les corpufcules d'une matiere fluide qui ne feroient
pas agitez avec une très-grande force, ne tarderoient
pas de s'unir les uns avec les autres, & de former de petits
amas, qui venant à fe groffir, fe réuniroient avec le tems
dans un feul corps folide. Plus ces corpufcules feront petits, & plus, toutes chofes égales, ils fe réuniront facilement en un feul corps, fi le mouvement qui les agite vient
à ceffer. Un exemple fera mieux entendre ma penfée,
& fournira en même tems une nouvelle preuve de la
très-grande force de la matiere fubtile.

VIII.
Exemple fen-fible qui con-firme & éclair-cit tout ce qui précede.

DAns ce Traité j'ai fouvent pris pour exemple deux
boules folides de Verre, comme je l'avois fait dans le
Memoire *des Loix du choc* ; parce que cet exemple m'a
paru

paru plus propre qu'aucun autre, à developer mes penfées, & à donner lieu au Lecteur de refléchir fur mes
principes. C'eft dans ces mêmes vûës que je choifis encore ici le Verre pour exemple, en le confiderant dans
fa formation.

On fçait que le Verre fe fait affez ordinairement avec
des cailloux blancs & reluifans. Si l'on brife un de ces
cailloux à grands coups de marteau, ou même avec le
fecours des machines les plus commodes, que les hommes
ayent pû inventer, pour pulverifer les corps durs ; tout
ce que l'on pourra faire, quelque tems que l'on y employe, fera de changer ce caillou en un tas de fine pouf-
fiere, ou en un monceau de fable. Les grains de ce fable, quoiqu'à peine fenfibles, laiffent de larges paffages,
non-feulement à l'Ether, mais encore à l'Air, ou à quelqu'autre fluide. Quoiqu'ils paroiffent fe toucher, ils
demeureront neanmoins feparez les uns des autres ; &
ce ne fera qu'avec le tems qu'ils pourront fe réünir en
une feule maffe, qui peut-être redeviendra caillou.

Mais fi l'on met les parties de ce caillou ou ces grains
de fable dans un fourneau de Verrerie ; en peu de tems
chaque petit grain de fable, étant fortement agité par
le Feu, qui confifte (a) dans l'action de la matiere fubtile,
fe trouvera divifé en plufieurs milliers, ou peut-être en
plufieurs millions de corpufcules, qui deviendront bien-
tôt les *parties integrantes* du Verre.

(a) *J'efpere trouver occafion de le faire voir ailleurs. Pour en convaincre le Lecteur, il fuffira peut-être de lui faire remarquer ici : Que
le Feu allumé dans un Magazin à poudre par une feule étincelle, eft
capable de le faire fauter en moins d'un clin d'œil, & par le bruit feul
qu'il caufe, de faire trembler toute une Ville, abattre des maifons, &
jetter tous les habitans dans la confternation. Où étoit cette force fi
formidable, un inftant avant que l'étincelle parut, & que le Feu à fon
occafion eut pris à la poudre du Magazin. Etoit-ce dans les parties
groffieres des grains de la poudre à canon ? Elles étoient toutes dans
un repos refpectif. Cette force étoit fans doute dans la matiere fubtile qui
les enveloppoit, & en rempliffoit les pores. C'eft donc cette matiere
qui produit le Feu, & qui lui donne toute la force qu'il peut avoir.*

D

Ces corpuſcules conſiderez dans le fourneau, forme-
ront un fluide. C'eſt-à-dire, qu'ils feront féparez les uns
des autres, tant que la matiere ſubtile dont les corpuſcules doivent être encore indéfiniment plus petits que
ceux dont nous parlons, continuëra de couler entr'eux,
dans une très-grande abondance, & de les pouſſer les
uns contre les autres en tous les ſens imaginables. Car
dans les fourneaux de *reverbere clos*, dont on fe fert dans
les Verreries, le feu fe refléchit & frappe la matiere du
Verre & le vaiſſeau qui le contient, pardeſſus & tout
autour.

Les parties integrantes du Verre fe réüniront en peu
de tems, lorſque la matiere ſubtile qui les a feparées, &
qui les a tenu feparées, venant à fortir, permettra qu'ils
puiſſent fe toucher tous, ou preſque tous dans quelques-uns de leurs points phyſiques ; c'eſt-à-dire, lorſqu'étant ôtez du fourneau, la cauſe de leur mouvement
& de leur feparation ceſſera, ou diminuëra fenſible-
ment.

Alors la matiere ſubtile qui dans le fourneau trouvoit
une infinité d'obſtacles, par les mouvemens divers des
corpuſcules qu'elle avoit défunis & agitez, coulera fans
aucune réſiſtance entre ces corpuſcules, qui étant réünis dans une feule maſſe, feront dans un repos refpeétif.

Cette maſſe aura des proprietez très-differentes de
celles du caillou. Car outre fa tranfparence & fa fragilité dont il ne s'agit point ici, & dont il n'eſt pas difficile
de connoître la cauſe, elle aura plus de conſiſtance &
de dureté ; & (ce qui regarde particulierement mon fujet) elle aura un reſſort & plus fort & plus prompt.

Il me vient ici une foule de reflexions : mais je les laiſſe
encore à faire aux Lecteurs attentifs, non-feulement dans la
crainte de leur faire perdre mon ſujet de vûë ; mais encore,
pour ne pas leur ôter le plaiſir de trouver d'eux-mêmes (en
raiſonnant ſur le petit détail de cet Article) la confirmation
de tout ce que j'ai dit dans ce Chapitre & dans le precedent,
& de tout ce que j'ai à dire dans le reſte de ce Traité. Ils

rencontreront peut-être dans cet examen quelques difficultez. Mais s'ils veulent se donner la peine de les approfondir, j'espere qu'ils les verront se dissiper peu à peu, & même se tourner en preuves. En voici une à laquelle je ne puis me dispenser de répondre, parce que l'idée des Tourbillons dépend de sa solution.

LE Feu, dira-t-on, a une force qui se fait sentir, & la matiere subtile qui produit le ressort, & dans laquelle nous marchons ; bien loin de se faire sentir, ne fait pas même la moindre résistance à nos mouvemens, suivant les principes du Chapitre précedent. Comment concevoir qu'elle ait une force infiniment grande, & qu'elle ne differe pas essentiellement de la matiere du Feu ? Voici ma réponse.

Les parties de la matiere subtile qui sont appliquées à produire ce que l'on appelle Feu, ne sont en équilibre ni entr'elles, ni avec celles qui les environnent : Soit qu'elles soient toutes poussées rapidement dans un même sens, vers lequel les corpuscules qui les environnent ne tendent pas : Soit qu'elles soient poussées avec beaucoup de force les unes contre les autres en differens sens par des causes étrangeres : Ce qu'il ne s'agit pas d'examiner ici. Il n'est donc pas surprenant que la matiere subtile fasse sentir sa force, ou pour mieux dire, une partie de sa force, lorsqu'elle produit le Feu.

*Au contraire toutes les parties de la matiere subtile qui remplit les corps élastiques ou qui les environne, *se contrebalancent*, se maintiennent dans l'équilibre, tendent à s'y conserver, & s'y remettent très-facilement, lorsque la cause qui les en a un peu tirées vient à cesser. *Car*, pour me servir des termes expressifs du P. Malebranche *, *si cette matiere se mouvoit en même sens, tous les corps qu'elle environne, seroient transportez dans son cours avec plus de vitesse que la Foudre ; car la vitesse de la Foudre, aussi-bien que celle d'un boulet de canon, a pour cause primitive celle*

IX.
On ne sent pas la force de la matiere subtile, parce que toutes ses parties se contrebalancent.

* Ceci sera expliqué dans le Chap. suivant, Art. IV.

* *V.* la Recherche de la verité. Eclaircissement XVI. dernicre édition.

de la matiere étherée : Et cela par la même raison que la
Terre, l'Air, les Villes, &c. sont emportez en vingt-quatre
heures par le grand Tourbillon qui nous environne.

Mais comment les parties de la matiere subtile peuvent-elles se maintenir en équilibre, & cependant conserver des forces indéfiniment grandes ? C'est le sujet
du Chapitre suivant.

CHAPITRE IV.

De l'idée des Tourbillons.

I. *Idées de M.* Descartes *& du P.* Malebranche *sur les*
Tourbillons. II. *Tourbillons rendus sensibles par le Mer-*
cure. III. *Notion des forces centrifuges des Tourbillons.*
IV. *Les corpuscules du fluide qui produit le ressort, dé-*
crivent de très-petits cercles avec une très-grande vitesse.
V. *La matiere subtile est composée d'une infinité de Tour-*
billons, ou de spheres très-fluides, de toutes sortes de gran-
deurs, qui se contrebalancent par leurs forces centrifuges.
VI. *Idée des corpuscules dont les Tourbillons sont composez.*
VII. *Tous les points de la surface d'un même Tourbillon,*
ont des forces centrifuges égales. VIII. *Les Tourbillons se*
touchent également dans tous les points de leurs surfaces
aux poles comme ailleurs.

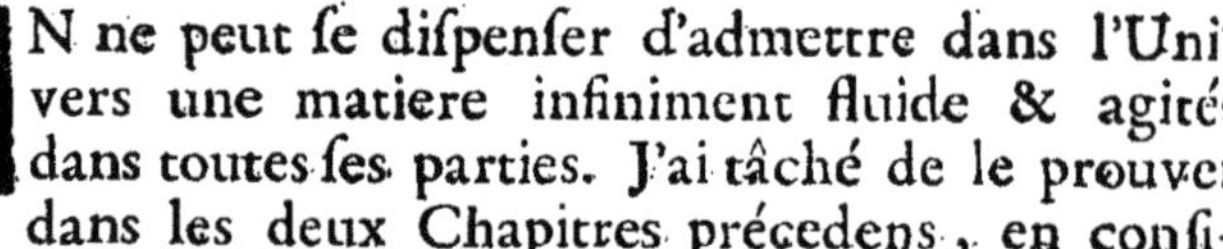

ON ne peut se dispenser d'admettre dans l'Univers une matiere infiniment fluide & agitée
dans toutes ses parties. J'ai tâché de le prouver
dans les deux Chapitres précedens, en considerant les seuls effets du choc ; & j'ai tout lieu de croire
que les considerations que l'on pourra faire sur les autres effets naturels, ne feront que confirmer ces principes.

Or de ces principes il est aisé de tirer cette consequence : Que toutes les parties de la matiere subtile qui remplit l'Univers , se résistant reciproquement par leurs mouvemens divers & particuliers , doivent se diviser sans cesse , & former divers Tourbillons de figure spherique , qui se contrebalancent , & dans ceux-ci d'autres encore plus petits , & même encore d'autres moins durables dans les intervales concaves , que laissent entr'eux les Tourbillons qui se touchent *.

Je crois avoir montré suffisamment la justesse de cette consequence dans *les Loix du choc*, & je vais essayer dans ce Chapitre, en la mettant encore dans un plus grand jour, de faire voir que l'idée de M. *Descartes* sur les grands Tourbillons, & du P. *Malebranche* sur les petits, ne sont pas des idées purement Metaphysiques, ni des suppositions arbitraires.

Celle du P. Malebranche *est copiée*, dit M. de Fontenelle *, *d'après des choses incontestables chez les Cartesiens, & que les autres Philosophes ne peuvent contester sans tomber dans d'étranges pensées*. Je l'ai exprimé * dans les propres termes de son Auteur ; je ne pouvois mieux faire. Aussi j'espere que les Lecteurs ne trouveront rien qui ne soit bien exact dans l'Article auquel je les renvoye.

C'est une idée qui a été très-familiere à ce grand inventeur, dit encore M. de Fontenelle dans l'endroit cité , & qu'il *n'a pas poussée aussi loin qu'il l'auroit dû*.

J'entreprends d'y suppléer. Cette idée feconde , & plus encore la *methode* de son Auteur, me conduiront dans cette recherche. Et où ne conduit pas une idée claire, lorsqu'on a soin de la comparer à des principes démontrez, & d'en tirer toutes les consequences !

L'idée des Tourbillons, & sur-tout des plus petits , de ceux, par exemple, qui occupent les pores imperceptibles des corps élastiques ; doit paroître très-abstraite à ceux qui ne sont pas accoutumez à beaucoup refléchir, & chimerique à ceux qui se sont fait un systême de ne chercher dans la Physique, que ce qui frappe les sens. Mais si en renonçant à tous les préjugez , on veut faire

D iij

* C'est l'idée du P. *Male-branche*. *V.* l'Eclaircissement XVI. de la Recherche de la verité.

* Dans l'Hist. de l'Academie, Année 1715. P. 109.
* *V.* Loix du choc. Art. 27.

attention à cette idée, j'ai tout lieu d'esperer qu'on la trouvera conforme à la verité, & aux loix invariables de la Nature.

Les effets naturels sont sensibles, mais leurs causes sont très-cachées. C'est peu de dire que l'idée des Tourbillons se dérobe aux sens & à l'imagination ; l'esprit a besoin de toute son attention, pour ne pas la perdre de vûë, lorsqu'il croit l'apercevoir. Peu s'en faut, en écrivant ce Traité, qu'elle ne m'échappe, après l'avoir méditée long-tems, & à ce que je crois bien conçûë.

II.
Tourbillons rendus sensibles par le Mercure.
V. Loix du choc. Art. 23.

POur tâcher de me rendre cette idée plus familiere, je fis quelques experiences sur le Mercure, en composant le Memoire *des Loix du choc* ; & je les employai dans une de mes Remarques *, parce qu'elles me parurent propres à surmonter plusieurs difficultez que me suggeroient les sens & l'imagination.

Quelques jours après le jugement de l'Academie, en revoyant cette Remarque, il me vint en pensée de verser une goutte de Mercure dans une boule de Verre creuse, de quatre pouces de diametre ou environ, après l'avoir remplie d'eau. Le succès surpassa mon attente, dans un grand nombre d'experiences que je fis à cette occasion.

Mon dessein dans cet Article, n'est pas de persuader le Lecteur par ces experiences, que je me contente de lui indiquer de la possibilité, de la réalité, & des proprietez des Tourbillons ; mais de lui tracer grossierement le plan des choses que j'ai dessein de lui faire apercevoir dans ce Traité préliminaire, & dans ceux qui suivront ; & de le disposer à ne pas rejetter des idées physiques, sans les avoir examinées avec toute l'attention qu'elles semblent mériter.

Après avoir versé dans la boule creuse quelques gouttes de Mercure, d'environ la grosseur d'un pois ; il ne s'agit que de remuer cette boule en divers sens, à diverses reprises, avec differens degrez de mouvement ; & d'e-

xaminer attentivement les effets qui refultent de chaque
operation. La boule de Verre grofliffant les objets, fer-
vira comme de Microfcope, pour obferver plus diftin-
ctement les divers changemens qui arriveront au Mercure dans chaque operation.

I. Il fera facile d'examiner la rondeur fpherique des
Tourbillons, & fur-tout des plus petits, qui feront rendus fenfibles fous la figure du Mercure ; l'applatiffement
& la compreffion que fouffrent les plus grands ; & l'équilibre qui regne entre tous.

II. On pourra obferver qu'en fécoüant la boule, un
feul Tourbillon de Mercure fe rompt fans peine en cent
autres, qui commencent à fe réünir, lorfque le mouvement qui a caufé leur feparation, vient à ceffer.

III. On aura lieu d'examiner par quelle Mecanique
un petit Tourbillon compris entre deux grands, a aflez
de force pour les contrebalancer.

IV. Pourquoi lorfqu'il furvient quelque mouvement,
le petit Tourbillon s'incorpore très-promptement à l'un
des deux grands qui le comprimoient, & va rapidement s'enfoncer jufqu'à fon axe.

V. Pourquoi il arrive quelquefois, mais plus rare-
ment, que le petit Tourbillon fe gliffe avec une grande
vîteffe entre les deux grands qui fe réüniffent, & fouvent s'incorporent à cette occafion.

VI. D'où vient cet ordre uniforme, fuivant lequel les
Tourbillons de Mercure de differens volumes, viennent
fe ranger autour de leur centre commun, lorfqu'on les
fait tourner en rond.

VII. Quelle pourroit être la caufe de ces *boüillonemens*
& *tournoyemens* rapides des corpufcules du Mercure, que
l'on remarque facilement fur les grands Tourbillons vers
leurs poles qui font dans le milieu de leurs furfaces ;
après qu'on les a agitez, ou en rond, ou en divers
fens.

VIII. Enfin je fuppofe que l'on examinera toutes ces
particularitez & autres, avec les yeux d'un Phyficien

qui raifonne avant l'experience , qui raifonne encore après, & qui ne s'en tient pas à une feule ; car une feule pourroit féduire : Que fur toutes chofes, on aura bien égard à l'imperfection des Tourbillons du Mercure, à leur pefanteur, à leurs frottemens contre les parois du Verre, à la réfiftance de l'Eau qui les inonde, à la groffiereté de leurs parties integrantes ; en un mot aux differences infinies qui diftinguent un fluide très-imparfait, de celui dont tous les autres doivent emprunter & leur fluidité & leur force. Peut-être qu'après cela on ceffera de traiter de chimeriques les Tourbillons grands & petits , dont des Auteurs très-illuftres nous ont donné les premieres idées,

III.
Notion des forces centrifuges des Tourbillons.

MAis il ne fuffit pas d'avoir reprefenté aux yeux imparfaitement, fous une image fenfible, les Tourbillons de l'Ether, il faut en prouver la réalité : Et avant toutes chofes il eft néceffaire de fe former une idée jufte de ce que l'on appelle *Force centrifuge*.

C'eft l'effort avec lequel un corps tend à s'écarter du centre d'un cercle qu'il décrit. *La force centrifuge d'un Tourbillon*, dans un de fes points phyfiques, eft celle qu'il a pour s'écarter du centre de ce Tourbillon. Rendons cela fenfible par un exemple.

Une pierre que je fais circuler avec une fronde, tend à chaque inftant à s'échaper par la tangente du cercle qu'elle décrit ; & c'eft par cette tangente qu'elle s'échappe en effet. Mais de plus (& c'eft en quoi confifte fa force centrifuge) elle fait effort contre ma main pour s'en écarter à chaque inftant, dans la direction de la corde qui la retient.

Si je diminuë la vîteffe circulaire, fans diminuer la longueur de la corde, il eft clair que la force centrifuge diminuëra. Si au contraire je diminuë la corde fans changer la vîteffe circulaire, il eft évident que la force centrifuge augmentera.

Ainfi en fuppofant qu'un même corps , ou des corps égaux

égaux (car on a coutume de fuppofer des corps égaux, lorfque l'on compare les forces centrifuges) font leurs revolutions avec des vîteffes égales ; il eft évident que les forces centrifuges augmentent, lorfque les diftances aux centres diminuent ; & qu'au contraire les forces cen-trifuges diminuent, lorfque les diftances aux centres augmentent.

Ce que je viens de prouver ici par de fimples raifon-nemens, eft une fuite évidente du Principe III. *des Loix du choc* *, lequel eft démontré dans plufieurs ouvrages, entr'autres à la fin de la *Recherche de la verité*, de la der-niere édition.

* Art. 7.

J'aurai lieu d'expliquer & d'étendre ce Principe dans les Traitez fuivans, où il fera fouvent employé. Dans celui-ci la fimple notion des forces centrifuges que je viens de donner, doit fuffire au Lecteur ; & il s'agit de l'appliquer dans le refte de ce Traité, aux corpufcules de la matiere qui produit le reffort.

D Eux corps homogenes à reffort parfait, ou prefque parfait, qui fe font choquez directement avec des forces égales, rejailliffent avec forces égales, ou prefque éga-les, & toujours proportionnelles à leurs forces primiti-ves, en quelque point qu'ils fe choquent, & quels que foient d'ailleurs leurs volumes, ou les rapports de leurs volumes. Ils ont donc une égale force élaftique dans tou-tes leurs parties fenfibles.

I V.
Les corpufcu-les du fluide qui produit le ref-fort, décrivent de très-petits cercles avec une très-grande vî-teffe.

C'eft pourquoi la matiere fubtile qui produit cette force, agit également en tous les fens. Elle ne tend donc pas plus vers l'Orient, que vers l'Occident, vers le Zenith, que vers le Nadir. Si elle circuloit d'Orient, par exem-ple, à l'Occident, avec beaucoup plus de vîteffe que la Terre, elle emporteroit dans fon cours rapide un corps élaftique, qu'elle traverferoit avec cette vîteffe. Car quoique par fa fluidité naturelle elle dût dans ce cas, traverfer les pores de ce corps, fans y trouver aucune réfiftance ; elle communiqueroit cependant aux parties

E

de la maſſe de ce corps, au moins une partie de la force
avec laquelle elle les choqueroit : De la même maniere
que le *Vent* ou l'Air agité traverſe des toiles, qui neanmoins reçoivent l'action du vent, & la communiquent à
la machine d'un Moulin, ou au corps d'un Vaiſſeau.

Mais ſuppoſons pour un moment, que toute la matiere ſubtile qui eſt dans un corps élaſtique, le traverſe
avec beaucoup de rapidité, en allant, par exemple, de
l'Orient vers l'Occident : Lorſque ce corps ſera choqué
à ſa partie Orientale, comment ſon reſſort pourra-t-il ſe
débander ? Le point du contact qui a été pouſſé vers
l'Occident dans la compreſſion, doit être repouſſé vers
l'Orient dans le tems de la reſtitution. Pourroit-on at-
tribuer la cauſe de ce dernier mouvement à la matiere
ſubtile, qui dans cette ſuppoſition eſt dirigée vers l'Occident, ſoit par ſon mouvement propre, ſoit par le mouvement du point du contact ?

Quelque ſuppoſition que l'on faſſe ; les corpuſcules de
la matiere ſubtile qui produit le reſſort, n'auront pas un
mouvement direct dans le même ſens. Mais ont-ils un
mouvement direct dans tous les ſens ? Sortent-ils d'un
corps élaſtique par tous ſes pores, en s'éloignant de ſon
centre de gravité avec toute la force indéfinie qui leur
convient ? Non, ſans doute, puiſqu'ils doivent être en
équilibre avec ceux qui enveloppent ce corps, & le compriment. Ils tendent donc ſeulement à ſortir de ce corps ;
& ils n'en ſortent pas en effet, ſi ce n'eſt à l'occaſion de
quelque choc, ou de quelque changement exterieur.

Or cette tendance, qui eſt toujours conſtante & uniforme, ne peut être que l'effet d'un mouvement circulaire : C'eſt la force centrifuge qui réſulte de ce mouvement. Ainſi ces corpuſcules doivent décrire de très-
petits cercles, & ils doivent les décrire avec de très-
grandes vîteſſes, pour remplir tous leurs mouvemens, &
former enſemble des forces capables de contrebalancer
les plus grandes qui ſoient dans l'Univers.

Si ces principes revoltent l'imagination, c'eſt parce que les sens ne lui offrent pas d'objets qui fassent leurs revolutions dans de si petits cercles avec tant de promptitude. Mais ce ne sont ni les sens ni l'imagination, qu'il faut consulter dans la recherche des veritez. C'est l'esprit pur lui seul qui doit les apercevoir ; & l'esprit pur voit clairement que les corpuscules de l'Ether étant très-petits & très-agitez, peuvent & doivent faire leurs revolutions aussi facilement dans un petit cercle, que dans un grand.

A l'égard des mouvemens circulaires, on en trouve des exemples sensibles dans les fluides agitez : Ces mouvemens sont communs dans la Nature. On en voit sur les Mers & sur les Rivieres. Le Feu en produit de très-grands dans les liquides. L'Air poussé en divers sens, tourne en rond avec la poussiere qu'il entraine dans son cours. Le fluide qui environne la Terre, la fait non-seulement tourner * sur son centre en vingt-quatre heures ; mais outre cela lui fait parcourir chaque année plus de deux cens millions de lieuës, dans une orbite à peu près circulaire. Saturne & Jupiter (ces corps mille fois plus gros que la Terre) leurs Satellites & toutes les autres Planetes, emportées par un fluide dans des orbites qui approchent assez du cercle, font leurs revolutions suivant des regles invariables (a).

*Je m'exprime toujours dans ces Traitez, suivant l'idée de Copernic.

LEs mêmes raisons qui prouvent que les corpuscules de la matiere subtile, doivent décrire des cercles, prouvent aussi qu'ils doivent former des spheres très-fluides, ou des Tourbillons de toutes sortes de grandeurs ; des

V.

La matiere subtile est composée d'une infinité de Tourbillons, ou de spheres très-fluides, de toutes sortes de grandeurs, qui se contrebalancent par leurs forces centrifuges.

(a) Les tems des revolutions de deux Planetes qui tournent autour d'un même centre étant connus ; on a dès-lors le rapport de leurs distances à leur centre : Et cela par une regle qui depuis un siecle qu'elle est connuë par les Observations de Kepler, s'est toujours trouvée conforme aux Observations de Mrs Cassini & des autres Astronomes, & qui est une suite évidente de mes Principes, comme j'espere le faire voir ailleurs. Il suffit, par exemple, que l'on sçache que la Terre fait environ trente revolutions autour du Soleil, pendant que Saturne en fait une seule ; on en conclura par la regle de Kepler (qu'il ne s'agit pas d'expliquer ici) que Saturne est environ dix fois plus éloigné du Soleil que la Terre.

spheres que l'on pourroit supposer parfaites dans le même sens que la matiere subtile est un fluide parfait, & en faisant d'ailleurs abstraction de toute cause étrangere à cette matiere.

En effet il est nécessaire que les corpuscules de la matiere subtile, puissent en même tems avoir des mouvemens divers & même contraires ; & que cependant ces mouvemens ne diminuent pas ; car si ces corpuscules perdoient à chaque instant un seul petit degré de leurs forces, en peu de tems ils perdroient toutes leurs forces, en peu de tems l'Univers seroit détruit.

Il faut donc concevoir que ces corpuscules puissent, sans se choquer, se résister mutuellement par leurs forces centrifuges ; de telle sorte que de deux corpuscules qui se touchent, l'un ne l'emporte pas sur l'autre ; car si l'un l'emporte sur l'autre, il n'y aura plus d'équilibre. Et comment allier toutes ces idées, si l'on ne reconnoît que la matiere subtile est composée d'une infinité de Tourbillons, ou de spheres très-fluides de toutes sortes de grandeurs, qui remplissent l'Univers, & se contrebalancent par leurs forces centrifuges ?

Ajoutez à cela (comme je l'ai déja remarqué ailleurs*) que les angles, les élevations, les enfoncemens, en un mot toutes les irregularitez qui se trouvent dans les figures qui ne sont pas spheriques, causeroient sans cesse quelque obstacle & quelque diminution au mouvement d'une matiere, qui étant indéfiniment fluide & agitée, doit avoir toutes les facilitez possibles, pour couler & se mouvoir en tous les sens.

Donc, en faisant abstraction de toutes compressions, & autres causes étrangeres à la matiere subtile, ses Tourbillons, & sur-tout les plus petits, dont il s'agit dans ce Traité, doivent être de figure spherique, & doivent tendre à conserver cette figure qui leur convient.

M. de Mairan *, *dans son excellent Memoire de la Reflexion des corps, prouve (comme je l'ai remarqué dans l'Article que je viens de citer) que le corps qui fait le sujet de*

* V. Loix du choc. Art. 22.

*V. Mem. de l'Acad. 1722. p. 49.

la lumiere, confiste en de veritables globules. *Ainsi deux voies très-differentes femblent fe réunir, pour nous conduire à une même confequence, & confirmer nos Principes.*

IL ne s'agit pas ici d'examiner fi ces *globules* font des corpufcules durs, ou fi ce font de petits Tourbillons. Il me fuffit de faire remarquer que le plus petit des Tourbillons, comme le plus grand, doit être compofé d'un nombre indéfini de corpufcules très-agitez, & chaque corpufcule d'un nombre indéfini de très-petites parties qui font dans un repos refpectif, fans être engagées les unes dans les autres ; & qui ne font pas des atomes, parce qu'une infinité d'*atomes* ou de néants d'étenduë, ne formeroient jamais une étenduë. Sans approfondir cette idée, je crois pouvoir en tirer les confequences qui fuivent.

I. Les parties d'un corpufcule de la matiere fubtile, fe feparent très-facilement, lorfqu'il eft plus preffé d'un côté que d'un autre ; parce que le repos n'a pas de force pour réfifter au mouvement.

II. Un corpufcule de la matiere fubtile eft de figure fpherique, lorfqu'il eft également preffé de tous côtez.

III. Un corpufcule a des figures irregulieres, lorfque les preffions font inégales, & qu'elles ne font pas affez inégales, pour feparer fes parties.

IV. Un corpufcule eft comme infiniment dur dans l'inftant qu'il eft également preffé ; & fi dans l'inftant qui fuit, l'égalité des preffions ceffe, il peut devenir indéfiniment moû, ou indéfiniment fluide.

V. Suivant les differens befoins, un corpufcule peut être divifé en un million d'autres ; & un million de corpufcules peuvent fe réunir, pour en former un feul.

CHaque Tourbillon eft environné d'un nombre indéfini d'autres Tourbillons de toutes fortes de grandeurs, & il peut changer à chaque inftant de fituation à leur égard. Celui qui en touche maintenant un autre vers

VI.

Idée des corpufcules dont les Tourbillons font compofez.

VII.

Tous les points de la furface d'un même Tourbillon, ont des forces centrifuges égales.

E iij

fon équateur, pourra bien-tôt le toucher vers fon pole. Si un Tourbillon n'avoit pas une égale force centrifuge en tous fes points, comment dans toutes les fituations differentes qu'il peut avoir à l'égard des Tourbillons qui le compriment dans toute fa furface, pourroit-il fe faire qu'il les contrebalançât tous, & qu'il confervât la figure fpherique qui lui convient ?

Il eft donc clair que les points de la furface d'un Tourbillon, ne doivent pas faire leurs revolutions en même tems, de la même maniere que les points de la furface d'une boule, tournent en même tems autour de fon axe. Si cela étoit, les corpufcules qui circulent vers l'équateur, auroient beaucoup plus de force centrifuge que tous les autres, & ceux qui circulent vers les poles n'en auroient point ou très-peu. Ceux-ci feroient donc repouffez vers le centre du Tourbillon, fans aucune réfiftance de leur part ; & ceux-là s'écarteroient du même centre avec beaucoup de force. Que deviendroit le Tourbillon ?

Deflors que l'on admet l'idée des Tourbillons (& peut-on fe difpenfer de l'admettre ?) il faut, fans balancer, reconnoître cette verité qui en eft une fuite évidente, fçavoir, que toutes les parties de la furface d'un même Tourbillon, doivent avoir une égale force centrifuge, pour réfifter également aux impreffions des Tourbillons voifins qui les preffent également, & pour fe maintenir avec eux dans un exact équilibre.

Il ne s'agit pas ici d'examiner d'où peut provenir cette égalité de forces centrifuges, & comment l'équilibre des Tourbillons peut fe maintenir. Cet examen important fera le fujet d'un de mes Traitez.

VIII.
Les Tourbillons fe touchent également dans tous les points de leurs furfaces, aux poles comme ailleurs.

RIen n'empêche donc que les Tourbillons ne puiffent fe toucher auffi-bien à leurs poles qu'à leurs équateurs ; foit, 1°, qu'ils tournent dans le même fens ; foit, 2°. qu'ils tournent en fens contraire. Quelque refpect que j'aie pour M. *Defcartes*, je ne puis croire fur fa parole,

que les Tourbillons doivent s'incorporer dans le premier
cas, & fe détruire dans le fecond. Je m'en tiens à mes
Principes que je viens de déduire de ceux de ce très-il-
luftre Auteur.

Les mêmes raifons qui prouvent qu'il y a de grands
Tourbillons, prouvent qu'il y en a de petits ; & fi l'on
admet l'idée des Tourbillons grands & petits, ce font
des fpheres de toutes fortes de grandeurs, qui remplif-
fent l'Univers, qui fe touchent dans tous les points phyfiques de leurs furfaces ; enfin qui peuvent fe toucher
aux poles comme par tout ailleurs, puifqu'ils ont autant
de forces centrifuges à leurs poles, que dans le refte de
leurs furfaces.

Tous ces principes font des confequences que je déduis
de l'idée feule des Tourbillons : Et l'idée des Tourbillons
n'eft pas une idée purement Metaphyfique ; j'ai prouvé
qu'il faut la reconnoître dans la Nature.

En confiderant les corps élaftiques, j'y ai trouvé de
petits Tourbillons ; & en confiderant les petits Tourbillons dans tous les corps élaftiques, je vais maintenant
y chercher la caufe phyfique des refforts, foit parfaits,
foit imparfaits.

CHAPITRE V.

Des petits Tourbillons confiderez dans les corps à reffort parfait.

V. Loix du choc. Art. 34. 35. & 36.

I. *Defcription d'un corps à reffort parfait.* II. *Changemens qui arrivent aux petits Tourbillons, lorfque les corps qui les contiennent font comprimez.* III. *La matiere fubtile fort des corps au premier tems du choc, fans faire aucune réfiftance, par un effet de fa fluidité naturelle.* IV. *La matiere fubtile rentre dans les corps dont elle étoit fortie, par un effet de la force centrifuge de fes petits Tourbillons.* V. *C'eft par un effet de cette même force, que les corps parfaitement élaftiques qui fe font choquez avec des forces égales, retournent en arriere avec des forces égales à leurs forces primitives.*

I.
Defcription d'un corps à reffort parfait.

CENT objets que l'on a fans ceffe fous les yeux, une éponge, par exemple, une mie de pain, le dedans d'un os ; fur-tout fi l'on a foin de les regarder de près avec un Microfcope, peuvent fournir à l'imagination des images imparfaites, mais fenfibles de toutes les chofes que je vais effayer de décrire dans cet Article, & de faire appercevoir à l'efprit pur.

Toutes les parties integrantes d'un corps élaftique, font réunies enfemble dans quelques-uns de leurs points, lignes ou furfaces, & font feparées dans le refte par un nombre indéfini de pores & de petits canaux. Les pores font ordinairement fpheriques, parce que peu à peu ils doivent avoir été arrondis par le mouvement des Tourbillons de la matiere fubtile. Je conviens cependant qu'ils peuvent avoir d'autres figures, par exemple, des figures cylindriques, elliptiques, &c. Mais pour m'exprimer plus clairement, je fuppoferai que tous les pores d'un

corps.

corps à reſſort parfait, ſont exactement ſpheriques.

Chaque pore contient un ou pluſieurs Tourbillons; & les pores communiquent entr'eux & au dehors par pluſieurs canaux qui doivent être aſſez étroits, pour ne donner paſſage à aucun autre fluide, qu'à la matiere ſubtile : Et c'eſt de là principalement que dépend la perfection des reſſorts.

Les tourbillons inondent de toutes parts les parties du ſolide, & par leurs forces centrifuges leur donnent de la conſiſtance, & les uniſſent enſemble. *Quand les particules groſſieres*, dit M. de Fontenelle *, *ſont en repos les unes auprès des autres, & ſe touchent immediatement ; elles ſont comprimées en tous ſens par les petits Tourbillons qui les environnent, & auſquels elles ne réſiſtent par aucune force; & de là vient la dureté des corps.*

* Dans l'Hiſt. de l'Academie, Année 1715. p. 110

Je ne repete pas ici ce que j'ai dit dans *les Loix du choc* *, touchant la dureté des corps, & la promptitude des reſſorts. On doit voir que je n'y ai rien dit que d'exact, & on le verra encore mieux dans les Traitez ſuivans.

* Art. 34. & 35.

Les parties integrantes des corps à reſſort, ſont elles-mêmes de petits corps à reſſort, leſquels ont encore leurs parties integrantes : Ces *ſecondes parties integrantes* (s'il m'eſt permis de m'exprimer ainſi) ont encore leurs pores, leurs canaux, leurs Tourbillons, toutes ces choſes proportionnées à leur petiteſſe : Ces ſecondes parties ſont compoſées *de troiſiémes parties integrantes, &c.* Car puiſque l'on m'a accordé des corpuſcules, ſoit ſolides, ſoit fluides, diviſibles à l'infini, je ne penſe pas que l'on puiſſe me conteſter un corps mixte, partie ſolide, partie fluide, en un mot un corps à reſſort qui ſoit diviſible à l'infini ou à l'indéfini, en d'autres petits corps à reſſort.

Je pourrois ajoûter quelques traits à cette deſcription, qui eſt fort reſſemblante à celle de la Piece qui a remporté le Prix : Mais je ne crois pas en oublier aucun qui ſoit eſſentiel, ou auquel il ne ſoit facile de ſuppléer avec un peu d'attention.

F

II.
Changemens qui arrivent aux petits Tourbillons, lorsque les corps qui les contiennent sont comprimez.

IL ne peut arriver de changement dans les parties solides d'un corps élastique, que les petits Tourbillons qui sont cachez dans ses pores, ne changent aussi de figure & de volume : Soit qu'ils s'applatissent en forme de spheroïdes elliptiques, vers les parties qui sont les plus comprimées, & s'allongent dans les autres : Soit qu'ils se divisent en plusieurs Tourbillons plus petits.

I. Concevons qu'un petit Tourbillon étant comprimé dans quelque corps élastique à l'occasion du choc, prenne la figure du pore qui le contient ; c'est-à-dire, qu'il devienne à peu près un spheroïde elliptique, de sphere qu'il étoit auparavant : Un corpuscule qui passera par l'extremité du petit diametre du spheroïde, n'aura pas moins de vîtesse pendant le tems de la compression, qu'il en avoit dans l'instant qui l'a precedé. Il sembleroit même qu'il devroit en avoir davantage, par la même raison, que les endroits du lit d'une riviere qui sont les plus étroits, sont ceux où l'Eau coule avec plus de rapidité. Mais quoiqu'il en soit, il est clair que la compression, dans le cas que j'examine ici, ne diminuë pas la vîtesse du corpuscule, & qu'elle diminuë sa distance au centre de sa circulation. D'où il s'ensuit évidemment
* *V.* Chap. IV. Art. III.
* qu'elle augmente sa force centrifuge. Ainsi cette force augmente dans le sens que le Tourbillon est applati ; & il est facile de prouver qu'au contraire elle diminuë, dans le sens qu'il est allongé.

II. Concevons que la compression soit assez considerable pour rompre un petit Tourbillon , & le séparer en plusieurs autres : il sera facile de faire voir en raisonnant toujours sur les mêmes principes, que la force centrifuge des corpuscules qui circulent sur la surface de chaque petit Tourbillon, ne sera pas moindre que celle des corpuscules qui circuloient avant la compression sur la surface du Tourbillon, dont ceux-ci étoient les parties.

Ainsi de quelque maniere qu'on le prenne, il est clair que la force centrifuge des Tourbillons augmente dans le sens que leurs diametres diminuent, & qu'elle diminuë dans le sens qu'ils augmentent.

C'eſt le ſens * du Corollaire I. de la Propoſition VI. J'ai dit à la fin de l'Avertiſſement qui la precede, que l'Article 30. me ſuffiſoit pour réſoudre la queſtion propoſée ; c'eſt ce qu'on va bientôt voir *. J'ai ajoûté dans le même Avertiſſement, qu'il eſt facile de prouver l'Article 30. par l'Art. 7. Mes Juges l'ont vû d'abord. La-plûpart des Lecteurs auroient pû y trouver des difficultez : J'ai crû devoir les applanir. Mais j'eſpere mettre encore tous ces Principes en un plus grand jour, dans un Traité qui eſt deſtiné pour la Propoſition VI. & celles qui y ont rapport.

LOrſque deux corps à reſſort ſe choquent, ils ſe communiquent leurs mouvemens primitifs ſucceſſivement dans un tems très-court. Ainſi les pores doivent ſucceſſivement s'applatir dans le ſens qu'ils ſont comprimez, & s'allonger dans l'autre : Ils doivent continuer de s'allonger & de s'applatir juſqu'à l'inſtant précis que les deux corps, après avoir perdu toutes leurs forces primitives par ces compreſſions mutuelles, ayent leurs reſſorts entierement bandez. Cependant la matiere ſubtile, par un effet de ſa fluidité naturelle, doit ceder au mouvement qui lui eſt communiqué, & à meſure qu'il lui eſt communiqué, ou (ce qui revient au même) à meſure que les pores changent de figure.

Pour prévenir une objection que l'on pourroit me faire, je prie le Lecteur de remarquer, que je dis ici, & dans *les Loix du choc*, ſuivant mes Principes, que la matiere ſubtile ſort des corps ſolides ſans aucune réſiſtance dans le tems de la compreſſion. D'où il s'enſuit qu'aucune partie de la force primitive du choquant, n'eſt employée à chaſſer la matiere ſubtile du choqué. La force primitive d'un corps eſt employée à pouſſer ſucceſſivement dans ſa direction les parties ſolides de l'autre corps : Elle y eſt employée toute entiere, lorſque les reſſorts de deux corps ſont parfaits, comme on le ſuppoſe ici.

Il ſort des corps qui ſe choquent quelques corpuſcules de matiere fubtile, & il en fort plus ou moins des mêmes corps, fuivant que leurs parties folides font plus ou moins comprimées. Mais encore une fois, il ne fe fait aucune dépenfe de force pour faire fortir cette matiere ; parce qu'elle eft parfaitement fluide.

Lorfque vous vous promenez, vous pouffez devant vous la matiere fubtile, & des pellicules, ou de petits floccons, je veux dire les parties propres de l'Air. Ces petits floccons ou pellicules vous font quelque réfiftance, fur-tout s'ils font agi-tez dans un fens contraire à votre direction, c'eft-à-dire, lorfqu'il fait du vent, & qu'il vous eft contraire. Mais la matiere fubtile, dans quelque fens que vous marchiez, ne vous fait aucune réfiftance ; ou fi elle en fait, elle eft indéfiniment plus petite que celle que font les floccons ou pellicules d'Air.

En faifant donc abftraction de la réfiftance de l'Air, c'eft-à-dire, en fuppofant que vous n'êtes environné que de ma-tiere fubtile ; lorfque vous marcherez, vous ne ferez pas une double dépenfe de force, l'une pour marcher, & l'autre pour traverfer la matiere fubtile. Vous remuerez vos membres, & la matiere fubtile cedera à leurs mouvemens fans aucune ré-fiftance. Appliquez vous-même la comparaifon.

I V.
La matiere fub-tile rentre dans les corps dont elle étoit fortie, par un effet de la force centri-fuge de fes petits Tourbillons.

LA matiere fubtile qui eft fortie des corps dans le pre-mier tems du choc par fa fluidité naturelle, doit y ren-trer dans le fecond par la force centrifuge des petits Tourbillons qui reftent dans les pores des corps élafti-ques. Je vais tâcher de le faire voir avec le plus de net-teté & de précifion qu'il me fera poffible.

A l'inftant que la compreffion *ceffe* ou *a ceffé*, (car ces deux expreffions font équivalentes) les parties integran-tes des deux corps font dans un repos mutuel, & tous les Tourbillons tant *exterieurs qu'interieurs*, c'eft-à-dire, foit ceux qui environnent ces corps, foit ceux qui font au dedans, gardent un exact équilibre. Car fi les par-ties folides continuoient encore de fe déranger, & les Tourbillons interieurs de fortir, & d'éloigner les exte-rieurs des centres de gravité des deux corps, les corps ſe comprimeroient encore contre la ſuppoſition.

Comment donc la reſtitution pourroit - elle differer d'un ſeul inſtant ? Les forces centrifuges des Tourbillons exterieurs, ſont préciſement les mêmes qu'auparavant la compreſſion ; * celles des Tourbillons interieurs ſont augmentées dans le ſens qu'ils ſont retrécis, & elles ſont diminuées dans le ſens qu'ils ſont allongez. Ainſi au dehors rien ne peut mettre obſtacle au rétabliſſement ; & tout y concourt au dedans. Les corpuſcules qui paſſent par les petits diametres de chaque Tourbillon, changé en ſpheroïde elliptique, ont plus de forces centrifuges, que ceux qui paſſent par les grands diametres. Ceux-ci doivent donc agir plus fortement que ceuxlà contre les parois des pores qu'ils occupent. Les pores doivent donc commencer à s'élargir dans le ſens qu'ils ont été retrécis, & à ſe retrécir dans le ſens qu'ils ont été élargis. En un mot tous les pores, & par conſequent tous les Tourbillons qu'ils contiennent, doivent commencer à reprendre & la figure & le volume qu'ils avoient avant la compreſſion ; & par conſequent la matiere ſubtile doit commencer à rentrer dans les pores qu'elle avoit abandonnez en partie.

* *Art. II.*

MAis deſlors que la matiere ſubtile commence à rentrer dans les pores, elle doit par les mêmes raiſons continuer d'y rentrer ſucceſſivement. Elle y rentre, mais dans un ordre renverſé de celui ſuivant lequel elle en eſt ſortie ; & à meſure qu'elle rentre, chaque pore doit reprendre ſa premiere figure ; & toutes les parties integrantes doivent en conſequence ſe rétablir dans leur premier état.

Or à chaque inſtant de la reſtitution, les deux corps aquierent les mêmes degrez de forces qu'ils avoient perdu dans chaque inſtant correſpondant de la compreſſion. Ainſi dans l'inſtant précis que les parties comprimées ſont entierement rétablies, les corps ont aquis les mêmes degrez de forces qu'ils avoient perdu à la fin

V.
C'eſt par un effet de cette même force, que les corps parfaitement élaſtiques qui ſe ſont choquez avec des forces égales, retournent en arriere avec des forces égales à leurs forces primitives.

de la compreſſion. Mais ils avoient perdu toutes leurs forces primitives à la fin de la compreſſion. Donc à la fin de la reſtitution ils ont recouvré toutes leurs forces primitives.

Ainſi deux corps qui ſe ſont choquez avec des forces égales, doivent rejaillir avec des forces préciſement égales à leurs forces primitives, par un effet de la force centrifuge des petits Tourbillons ; lorſque cet effet eſt entier, c'eſt-à-dire, lorſqu'il n'eſt empêché en aucune maniere par les divers obſtacles qui pourroient ſe trouver, ſoit dans ces corps, ſoit au-dehors : en un mot lorſqu'ils ſont parfaits en force.

CHAPITRE VI.

Des petits Tourbillons conſiderez dans les corps à reſſort imparfait.

V. Loix du choc. Art. 37. 38. 44. 45. 46. 47.

I. *Diverſes cauſes des imperfections des reſſorts.* II. *Premiere cauſe des imperfections des reſſorts : Le mélange des fluides dans un corps élaſtique.* III. *Seconde cauſe des imperfections des reſſorts : La fragilité des corps phyſiques.* IV. *Les corps durs à reſſort imparfait, doivent rejaillir avec des forces proportionnées à leurs forces primitives, à cauſe des forces centrifuges des petits Tourbillons.* V. *Les Loix du choc ſont déduites de l'idée des petits Tourbillons, de telle ſorte qu'elles en ſont indépendantes.* VI. *Concluſion de ce Traité.*

I.
Diverſes cauſes des imperfections des reſſorts.

APRE'S avoir conſideré les reſſorts dans un état de perfection, que peut-être aucun d'eux n'a dans la Nature ; il me reſte à les conſiderer dans tous les differens dégrez d'imperfection qu'ils peuvent avoir, & qu'ils ont en effet.

La grandeur, la figure, les divers arrangemens & proprietez, soit des parties integrantes des corps élasti-ques, soit de leurs pores & de leurs canaux; toutes ces choses & autres, prises séparément ou jointes ensemble, dans toutes les combinaisons possibles, produisent ces varietez infinies que l'on observe dans les ressorts, & contribuent à les rendre plus ou moins parfaits soit en force, soit en promptitude.

Sans entrer dans la discussion immense de toutes les causes des imperfections des ressorts; il me suffira d'expliquer ici en peu de mots, celles de ces causes qui sont les plus ordinaires & les plus generales. Je les réduis aux deux suivantes.

L A premiere est que la plûpart des corps solides ont des canaux assez larges pour donner quelque passage à l'Air, ou à quelqu'autre fluide imparfait. On conçoit sans peine que les mouvemens des parties d'un fluide grossier, doivent apporter divers obstacles, soit à la sortie, soit à la rentrée de la matiere subtile; & que ces obstacles augmentent à proportion des mouvemens qui les causent, à proportion des forces primitives qui causent ou qui augmentent ces mouvemens. D'où il arrive que l'action des petits Tourbillons est retardée de quelques instans, lorsque ces corps se choquent; & qu'en consequence leurs ressorts ne sont pas parfaits en promptitude.

I I.
Premiere cause des imperfections des ressorts: Le mélange des fluides dans un corps élastique.

Ajoûtez à cela que dans le premier tems du choc, il peut sortir de ces corps quelque quantité du fluide grossier qu'ils contiennent; que cette quantité du fluide grossier a rapport à la force de la compression; & qu'elle ne rentre pas dans ces corps au second tems du choc, ou qu'elle n'y rentre pas entierement. D'où il s'enfuit que ces corps ne doivent pas se rétablir entierement, & que par consequent leurs ressorts ne sont pas parfaits en force.

L A feconde caufe des imperfections des refforts, vient de la fragilité des corps phyfiques. Le Verre, par exemple, qui eft fi dur, fi tranfparent, &c. eft fragile. C'eft un défaut, ou plutôt c'eft une des proprietez qui le diftinguent du Bronze, & de plufieurs autres corps. Si à tant de proprietez, qui dans le Verre facilitent l'action des petits Tourbillons, on pouvoit y ajoûter celle d'être auffi peu fragile que le Bronze, il auroit fans doute plus de force élaftique.

En effet fi un très-grand coup peut brifer une boule de Verre en des milliers de parties fenfibles, un petit coup en brifera quelques parties infenfibles. Quelquesunes fe détacheront entierement de fa furface ; d'autres en bien plus grand nombre, demeureront après ce petit choc dans chaque pore de cette boule, fans avoir aucune liaifon avec les autres parties integrantes, dont elles ont été une fois feparées. La quantité de ces parties infenfibles que l'efprit pur apperçoit à peine (parce que ce ne font que des *indéfiniment petits du premier, du fecond, du troifiéme genre, &c.*) doit croître à proportion des forces comprimantes qui les déplacent. Ainfi dans l'inftant que la reftitution finit, tous les pores doivent demeurer un peu applatis dans le fens qu'ils ont été comprimez.

Cet applatiffement que fouffrent les pores des premieres, des fecondes, des troifiémes parties integrantes, &c. (lequel n'eft qu'un indéfiniment petit du premier, du fecond, du troifiéme genre, &c.) eft plus confiderable vers le point d'attouchement, & diminuë dans toutes les autres parties du folide, à proportion qu'elles en font plus éloignées. La fomme de tous ces très-petits applatiffemens, ne donne fur chaque boule vers le point du contact qu'un petit cercle, qui ne devient fenfible, que lorfque les forces primitives font confiderables.

On peut faire choquer cent fois de fuite deux mêmes boules d'Yvoire, par exemple, fans qu'on remarque de

differences

differences fenfibles dans leurs forces élaftiques. Tant il eft vrai que les dérangemens que le choc caufe dans les corps durs, font infenfibles.

MAintenant il eft facile d'expliquer phyfiquement, d'où vient, par exemple, que deux boules folides de Verre qui fe font choquées en fens contraires avec feize degrez de force, rejailliffent avec la plus grande partie de leurs forces primitives, & qu'elles n'en perdent que la feiziéme partie, ou environ.

Cela provient, fans doute, de ce qu'à la fin de la reftitution, tous les pores demeurent un peu applatis, dans le même état qu'ils l'étoient vers le commencement de la compreffion, lorfque les corps avoient déja perdu un degré de leur force. Ainfi dans l'inftant que la reftitution finit, ils doivent avoir recouvré leurs forces primitives moins un degré, & par conféquent retourner en arriere avec quinze degrez de force.

C'eft pourquoi deux corps durs qui fe font choquez avec des forces égales, doivent rejaillir avec des forces prefque égales, & toujours proportionnées à leurs forces primitives, par un effet de la force centrifuge des petits Tourbillons, lorfque cet effet n'eft pas entier ; c'eft-à-dire, lorfqu'il eft empêché en partie, foit par le mouvement d'un fluide groffier qui eft renfermé dans ces corps, foit par leur fragilité, foit enfin par divers autres obftacles qui fe trouvent dans les corps élaftiques.

Maintenant pour appliquer la folution de ce feul cas de la queftion generale des Loix du choc des corps à reffort, à tous les autres cas poffibles, il faut avoir une idée de ce que j'entends par le *rapport élaftique* d'un corps. C'eft le rapport de la force avec laquelle fon reffort fe débande, à celle qui l'a bandé. Par exemple, fi deux corps fe choquent avec des forces égales, & que l'on obferve la vîteffe primitive d'un de ces corps, & celle qu'il a après le choc : le rapport de celle-ci à celle-là, fera fon rapport élaftique ; parce que la force qu'il avoit

G

avant le choc, se détruit pendant que les reſſorts ſe
bandent ; & que par conſequent celle qu'il a après le
choc lui vient uniquement de l'action des reſſorts, ou des
forces centrifuges des petits Tourbillons qui la produi-
ſent.

Si avec le ſecours de quelque machine, on fait choquer pluſieurs fois deux corps, en leur donnant à chaque
experience differens degrez de vîteſſe ; on trouvera toujours que leurs rapports élaſtiques ſont ſenſiblement
égaux : Soit qu'ils ayent des maſſes égales ou inégales : Soit
que l'un des corps ſoit en repos avant le choc, ou qu'ils
ſoient l'un & l'autre en mouvement : Soit qu'ils ayent des
mouvemens égaux ou inégaux ; contraires ou de même
part : Soit que ces corps ſoient homogenes ou heterogenes;
ſpheriques ou non ſpheriques ; ſemblables ou diſſembla-
bles : Soit que leurs reſſorts ſoient prompts ou lents :
Soit enfin que ces mêmes reſſorts ſoient des plus accom-
plis dans tous les genres, ou qu'ils ſoient des plus imparfaits. En un mot dans tous les cas, les rapports élaſtiques
ſeront égaux ; c'eſt à-dire, que ſi dans un choc deux corps
quelconques, perdent, par exemple, la douziéme partie
de leur force primitive ; dans un autre choc, ils perdront
encore la douziéme partie de leur force primitive.

*La machine de M. Mariotte ſuffit pour faire toutes ces
experiences ; mais il eſt facile d'en conſtruire une beaucoup
plus parfaite, & plus commode. Je donnerai dans un Traité
exprès la conſtruction & l'uſage de celle dont je me ſers
depuis long-tems, avec le détail des experiences que j'ai faites ſur pluſieurs ſortes de corps, & de mes reflexions ſur ces
experiences. Dans la Piece qui a remporté le Prix, je n'ai
employé qu'un ſeul Article * à la pratique des experiences.
Mais j'avois affaire à l'Academie. La plûpart des Lecteurs
ont beſoin d'un plus grand détail, lequel ſervira d'ailleurs
à confirmer l'idée des petits Tourbillons, & tous mes principes.*

* C'eſt l'Arti-
cle 80.

Il eſt vrai que lorſque deux corps n'ont pas beaucoup
de conſiſtance, ou qu'ils ont des reſſorts fort lents ; on

remarque quelquefois une difference affez fenfible dans leurs rapports élaftiques. Mais il eft facile de juger qu'alors cette difference vient principalement de ce que ces corps dans la durée du choc, parcourent enfemble un efpace, qui par rapport à celui qu'ils parcourent féparément devant & après le choc, devient affez confiderable pour mériter qu'on y ait égard.

Pour ôter toute difficulté, je fuppofe * dans la feconde Partie de la Piece; 1°. Que les deux corps qui fe choquent, ont toutes leurs parties homogenes, ou (ce qui revient à peu près au même dans la pratique) qu'ils fe choquent toujours précifement dans les mêmes points; 2°.* Que ce petit efpace que le centre de gravité des corps, ou leurs points d'attouchement parcourent dans la durée du choc, eft abfolument infenfible. Dans ces cas le rapport élaftique des corps qui ferviront aux experiences, fera toujours fenfiblement conftant.

*Art. 37.

*Art. 40. & 81.

Ce rapport toujours exaɛt que l'on obferve dans la Nature entre les forces qui font débander un reffort, & celles qui le font bander, pourra s'expliquer fans aucune peine; fi l'on veut concevoir avec moi qu'il y ait dans la Nature une force conftante, uniforme, affez grande pour pouvoir toujours être proportionnée à toutes les forces des corps qui fe choquent, & à tous les effets naturels qui refultent de leurs percuffions, & qui varient à l'infini fuivant les differens rapports que l'efprit apperçoit entre l'unité & zero.

Car le rapport élaftique d'un reffort parfait eft l'unité, celui d'un corps parfaitement dur, ou parfaitement moû eft zero, celui des refforts imparfaits peut être exprimé par le nombre infini de fraɛtions qui font comprifes entre l'unité, & une fraɛtion infiniment ou indéfiniment petite.

Cette force qui dans tous ces differens rapports tient toutes chofes en équilibre, qui ne l'emporte pas fur les plus petites forces, & qui contrebalance les plus grandes; ne peut être autre chofe, à ce qu'il me paroît, que celle des petits Tourbillons de la matiere subtile ; & je crois l'avoir suffisamment prouvé.

Ce ne font après tout que des conjectures que je ferai toujours prêt d'abandonner, si j'en trouve de mieux fondées ; c'est-à-dire, si l'on explique plus probablement que je ne l'ai fait, la cause d'une force qui puisse faire débander les ressorts, soit parfaits, soit imparfaits, suivant des proportions toujours exactes. Je crois qu'il est très-probable, que cette force dépend de celle des petits Tourbillons. D'autres auront d'autres sentimens. Il suffira qu'ils les exposent clairement ; s'ils me paroissent plus probables, je me sens très-disposé à les embrasser.

V.
Les Loix du choc sont déduites de l'idée des petits Tourbillons, de telle sorte qu'elles en sont indépendantes.

JE dis plus. Que cette force qui produit le mouvement en arriere dans le choc des corps solides, dépende de celle des petits Tourbillons, ou de quelqu'autre telle que l'on voudra ; Que ce soit la dureté des corps, leurs forces primitives, leurs petits liens, leurs formes substantielles, &c ; Que ce soit le vuide absolu, la fluidité de la matiere subtile, les lames spirales de l'Air, ou ses petits floccons, ou enfin ses pellicules ; En un mot, que ce soit une force quelconque, qui soit bien connuë du Lecteur : J'avoüe que je ne la connois pas encore pour cause physique ; mais je suis content, pourvû que l'on m'accorde que cette force quelconque est constante ; qu'elle est capable de se prêter à tous les effets du choc, & de les produire suivant des rapports invariables ; je n'en demande pas davantage pour la seconde Partie de la *Piece* qui a remporté le Prix.

Cette seule supposition que l'on m'accorde, me suffit pour trouver les loix generales du choc de tous les corps qui sont, ou qui peuvent être dans la Nature, pour rendre ces loix aussi incontestables que le sont les veritez géometriques, & pour les exprimer par des Formules qui sous des expressions très-simples, presentent la solution de toutes les questions Physico-Mathematiques, que l'on peut faire touchant les loix du choc des corps à ressort parfait ou imparfait.

Ainsi *les Loix du choc*, ou mes Formules generales qui les expriment, font *déduites de l'explication de la cause physique du reſſort*, comme le demande l'Academie ; puiſque j'ai prouvé dans la Partie phyſique de la *Piece* qui a remporté le Prix, & dans ce Traité, par des raiſons qui pourront paroître convaincantes à des eſprits attentifs ; qu'il y a dans l'Univers une force conſtante, qui fait que les reſſorts ſe débandent avec des forces égales ou proportionnées à celles qui les ont bandées ; & que cette force conſtante n'eſt autre choſe que la force centrifuge des petits Tourbillons. D'où j'ai déduit la Loy IV. * ſçavoir, *Que le rapport élaſtique eſt conſtant dans les corps de même nature.*

* *V.* Loíx du choc. Art. 47.

Cependant ces loix ſont tellement déduites de mon explication, que dans un ſens elles en ſont indépendantes. Car quelque ſuppoſition que l'on faſſe, quelque ſyſtême que l'on embraſſe, de quelque nature que ſoient les corps ſolides qui ſe choquent ; les quatre Loix * d'où ſont tirées mes Formules *, ſe trouveront toujours conformes à la verité.

* Art. 44. 45. 46. & 47.
* Art. 54.

Il ſera toujours vrai de dire, ſuivant la premiere Loy, que deux corps qui ſe choquent, ne doivent ceſſer de ſe comprimer que dans l'inſtant que celui qui alloit le plus vîte avant le choc, ceſſe d'aller le plus vîte ; & que par conſequent dans l'inſtant que la compreſſion ceſſe, les deux corps ſe ſont tellement communiqué de leurs mouvemens, qu'ils tendent à aller de compagnie, & qu'ils iroient en effet de compagnie, s'il ne ſurvenoit une nouvelle cauſe.

Il ſera toujours vrai de dire ſuivant la ſeconde & la troiſiéme Loi, que la réaction eſt égale à l'action, ou que le choquant perd autant de force que le choqué en gagne, ſoit dans le premier, ſoit dans le ſecond tems du choc.

Il ſera toujours vrai de dire, ſuivant la quatriéme Loy, que le rapport élaſtique des corps de même nature eſt conſtant ; ſoit encore une fois, que cette égalité de

G iij

rapport foit caufée par la force conftante des petits Tourbillons , foit par une qualité occulte, ou par un *je ne fçais quoi*.

En effet s'il y avoit quelques corps dans l'Univers dont le rapport élaftique ne fut pas conftant, il feroit bien inutile de chercher les loix de leur mouvement, puifqu'ils n'en auroient pas d'invariables.

V I.
Conclufion de
ce Traité.

Avant de finir ce Traité , j'ai quelques remarques à faire faire au Lecteur, touchant les bornes & l'étenduë que je me fuis crû obligé de donner au fujet que j'ai eu à traiter dans la Piece.

L'Academie demande expreffément *les Loix du choc des corps à reffort parfait ou imparfait ;* elle n'ajoûte pas, *foit par rapport à leur force, foit par rapport à leur promptitude.*

La promptitude des refforts eft une de leurs perfections, comme je l'ai fait remarquer dans le Chapitre II. Ainfi elle n'eft pas étrangere au fujet propofé ; mais elle n'en fait pas le principal. Dans les Ouvrages imprimez (au moins dans ceux que j'ai lûs) où l'on explique les loix du choc des corps élaftiques, on ne parle que de la force de leurs refforts, & l'on ne confidere pas leur promptitude. La premiere confideration eft indépendante de la feconde ; & doit paroître beaucoup plus effentielle.

* *V*. Loix du
choc. Art. 35.

Les bornes d'un Memoire ne me permettant pas de traiter ces deux queftions ; je n'ai pas balancé de me reftraindre à la premiere, & j'ai eu foin d'en avertir *. C'eft par de femblables raifons que je n'ai point parlé du choc indirect. Je n'aurois pas répondu à ce qu'il y a de principal & de plus effentiel dans la queftion propofée ; fi j'euffe omis les loix du choc des corps à reffort imparfait , puifque l'Academie les demande en termes formels ; que d'ailleurs cette queftion n'avoit pas été traitée jufqu'ici, au moins à fond ; & qu'enfin elle paroît être d'une grande utilité dans la Phyfique, où il

aut confiderer les corps dans tous les degrez d'imper-
ection qu'ils ont, ou qu'ils peuvent avoir dans la
Nature.

Les loix du choc des corps, foit parfaitement élafti-
ues, foit parfaitement durs, font expliquées au long
dans plufieurs Ouvrages. Elles font cependant exprimées
très-generalement dans de fimples Corollaires de mes
Formules ; & ces Formules ne font déduites que d'un
petit nombre de Principes qui ne peuvent être con-
eftez.

Il ne s'agit pas ici d'expliquer ces Formules. Ceux qui
ont les premieres teintures du calcul litteral, les enten-
dront fans aucune peine dans la *Piece* qui a remporté le
Prix. Un Volume entier ne fuffiroit pas pour developper, dans des Difcours fuivis, toutes les veritez qu'une
feule Formule réünit en moins d'une ligne, & prefente
à l'efprit très-diftinctement.

Après la lecture de ce Traité, on entendra fans aucune peine le Memoire *des Loix du choc*, à l'exception
peut-être de la Propofition VI. qui fera le fujet d'un de
mes Traitez. J'ai expliqué dans celui-ci la caufe phyfique du reffort indépendamment de cette Propofition,
en me bornant aux vûës que j'avois deux jours avant
de finir la *Piece* qui a remporté le Prix. Cette Propofition a augmenté mes vûës fur cette matiere, & m'a donné lieu de faire plufieurs reflexions, dont avec le tems
je ferai part au Public.

En tournant cette Propofition en tous les fens, je tâ-
cherai de faire voir, que bien loin d'être contraire à la
Regle de *Kepler*, comme on feroit d'abord porté à le
croire, elle en eft ou la confequence ou le principe :
Qu'elle eft conforme aux Loix de la Nature, & aux
principes de Mechanique & de Géometrie ; Que de cette
Propofition & de la Regle de *Kepler* jointes enfemble,
refulte l'équilibre des Tourbillons ; cét ordre uniforme
que nous obfervons dans l'Univers ; & peut-être enfin
plufieurs effets naturels qui doivent nous faire fentir

à chaque inftant la Toute-puiffance & la Sageffe infinie de celui qui les opere, comme il lui plaît, fuivant des regles invariables.

Deus dedit his quoque finem.

F I N.

Page 45. ligne 4. qu'auparavant, lifez, qu'avant.
Page 46. derniere ligne du Chap. V. lorfqu'ils font parfaits en force, lifez, lorfque les reffors font parfaits en force.

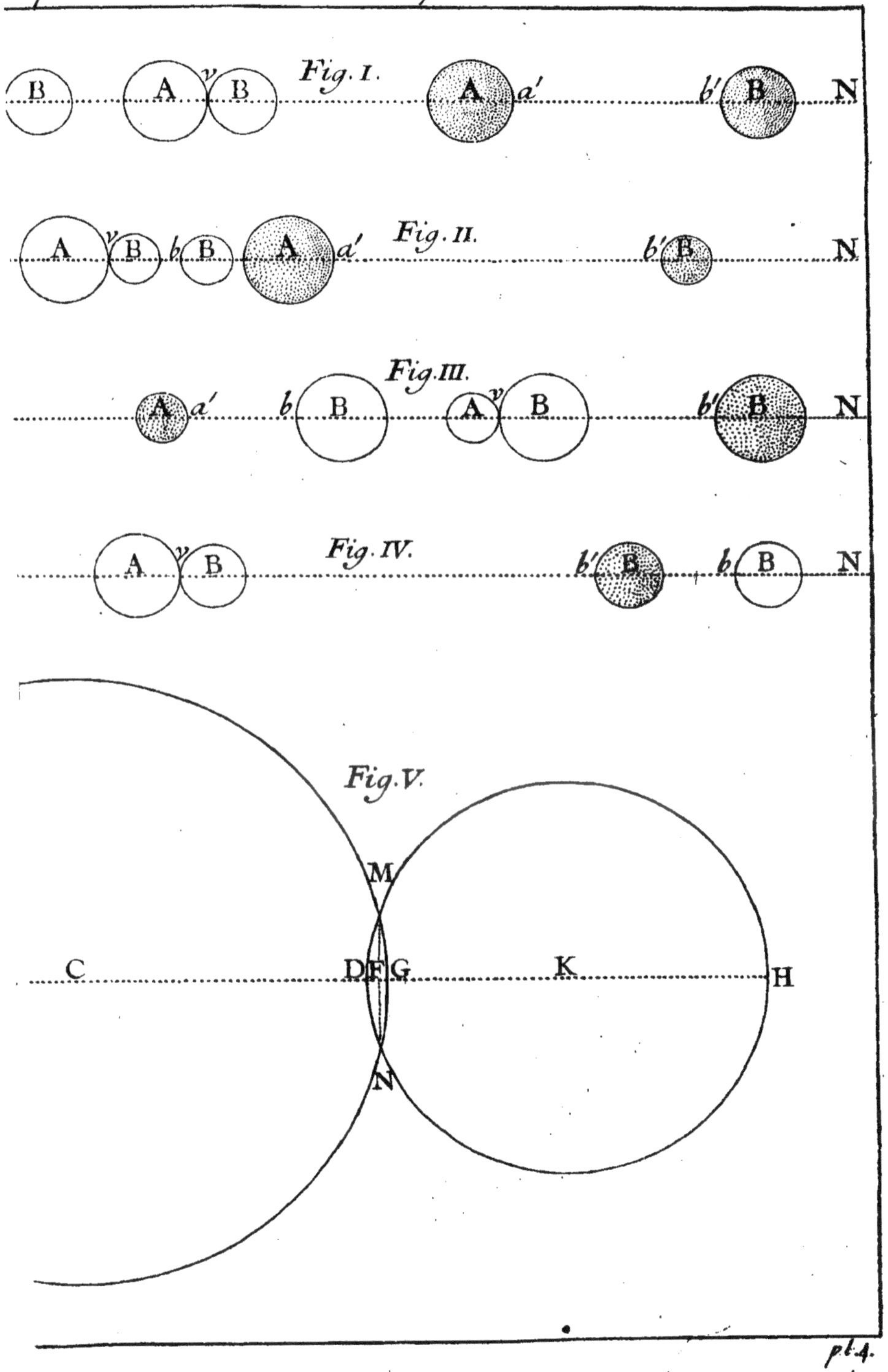

B
A B v
Fig. I.
A a'
b' B
N
A v B b B A a'
Fig. II.
b' B
N
Fig. III.
A a'
b B
A v B
b' B
N
A v B
Fig. IV.
b' B
b B
N
Fig. V.
M
C
D F G
K
H
N

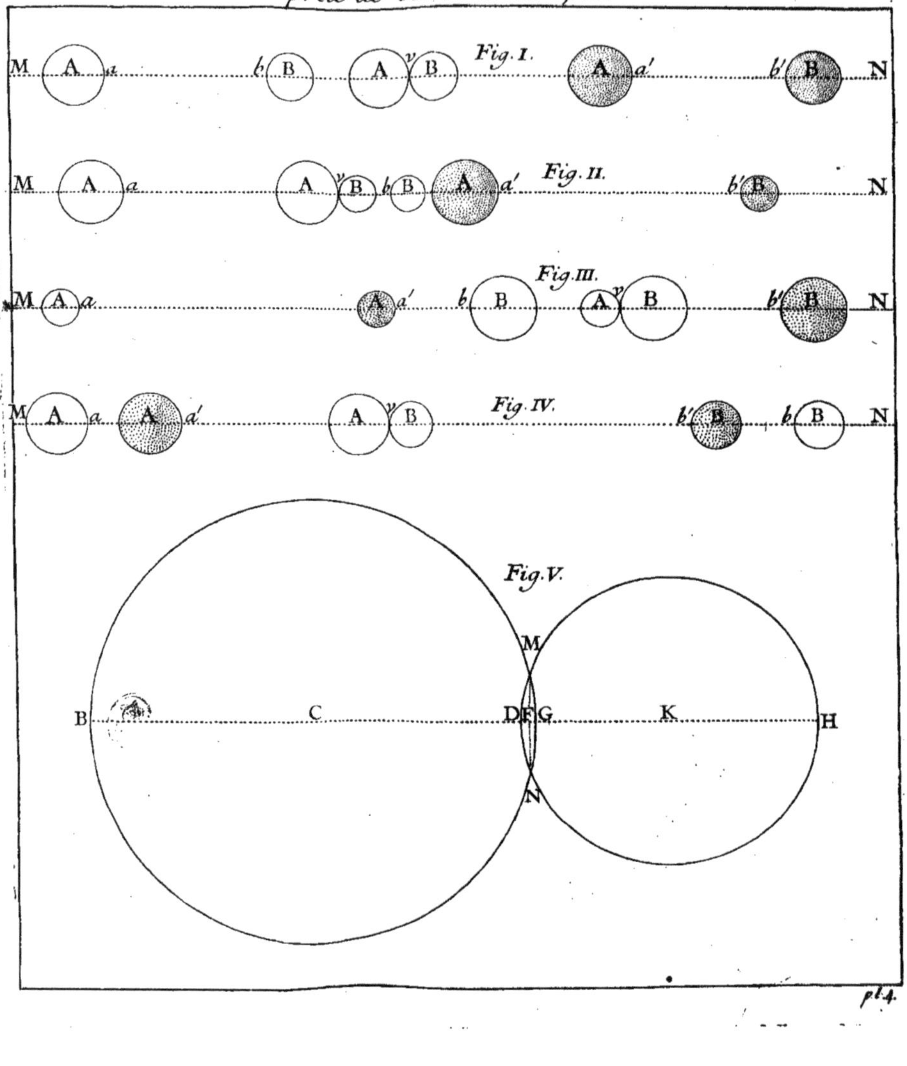

prix de l'Academie 1726
M A a b B A v B Fig. I. A a' b' B N
M A a A v B b B A a' Fig. II. b' B N
M A a A a' b B Fig. III. A v B b' B N
M A a A a' A v B Fig. IV. b' B b B N
Fig. V.
M
B C D F G K H
N
pl. 4.

9 782013 577137